JN137185

ラスボスに負けても

ハネハネ

HANE HANE

KADOKAWA

はじめに

この本を手に取ってくださってありがとうございます。

僕はYouTuberです。

YouTuberというと、得意な分野について語ったり面白い企画をやったりする人を想像する人は多いと思いますが、僕が配信している動画はすべて「コント」です。お笑いのジャンルのあのコントです。僕はテレビに出るようなお笑い芸人ではありませんが、ありがたいことに2024年10月現在、登録者数は135万人を超えています。

YouTubeには、「ショート動画」という1分未満のジャンルが存在します。YouTube版TikTokだと考えてもらってもいいかな。

そのショート動画で、僕は今まで200本以上のコントを出してきました。それらの平均再生数は９００万回を超えていて、この数字はおそらく日本で1位なはずです。

そして、すべての動画は、自分一人で脚本を書き、演技をして、編集をしています。登場する定番のキャラクターは10人以上。男性も女性もいて、そのすべてを一人で演じています。一番人気は、柊（ひいらぎ）さんという女性キャラクターです。

いわゆる〝裏方〟もおらず、コラボもせず、動画に関することをすべて一人でこなしている珍しいYouTuberかもしれません。

今の僕の仕事は「笑い」を作ること。それに人生を捧げていると言っても過言ではありません。

でも、ここまでたどり着くのは、決して順風満帆ではなかった。

学生時代から20代前半は、何者かになろうと必死であがいてきました。スポーツに打ち込んだ時期もあったり、シンガーソングライターや小説家を志したりもしました。

ですが、どれだけ努力を重ねても誰の目にも留まりませんでした。僕にとっては暗黒の時代です。

その後、24歳でプロゲーマーになりました。
26歳でゲーム実況者として実績を残しました。
29歳でコントチャンネルの登録者数100万人を達成しました。

誰しも人生は平坦でまっすぐな道ではないでしょうけど、僕は紆余曲折が甚だしいほうだと思います。
ただ、その経験があったからこそ、今の僕があります。数えきれないほどの失敗を重ねたからこそ、負け筋と勝ち筋がわかるようになったと思っています。

今回、KADOKAWAさんから声をかけていただき、僕が多くの失敗を経て見つけたものを何か形に残せないかと思い、この本を書きました。本書には、アイデアの生み出し方、勝つための戦略、正しい努力の仕方など、僕が人生をかけて得たものをすべて書き記しています。

この本を手に取ってくださったあなたにとって、何か一つでも人生のプラスになれたら嬉しいです。

ハネハネ

はじめに —— 2

第1章 勝ち と"価値"を追い求めて —— 11

野球の天才 —— 12
初めての挫折 —— 17
ゲームで頂点とっても意味ないの？ —— 23
シンガーソングライターになりたい —— 28
初ライブ —— 32
上京 —— 35
ニート青年の憂鬱 —— 40
子どもたちと僕 —— 42
俺は小説家になる！ —— 44
プロゲーマーの俺、爆誕 —— 48

好きを仕事にするってしんどい…… ── 52
YouTubeでどう戦うか ── 56
コント、やってみればいいんじゃないの？ ── 58

第2章 人気を継続させるために ── 61

人気を維持する秘訣 ── 62
目先の結果よりも成長 ── 64
新しい要素は全体の5％は入れる ── 67
日本一の人たち ── 70
「本質」を見失わない ── 73
僕は圧倒的一人派 ── 78
グループYouTuberの難しさ ── 84
あえて流行(はや)りに乗らない ── 86

面白いの作り方 —— 90
いいアイデアは、膨大な量のアイデアの中から拾うもの —— 93
捨てる勇気 —— 96
プロゲーマー時代にも生きたアイデア力 —— 98
最初の視聴者は自分自身 —— 100
客観力を身につける —— 102
一番の近道はまねすること —— 106
企業案件は受けない —— 109
お金は後からついてくる —— 112
第3章 正しい努力と戦略 —— 115
基本を学ぶ —— 116
失敗ときちんと向き合う —— 120

需要と供給 —— 122
あえて難しいことをする —— 124
戦う場所を選ぶ —— 128
大掛かりな準備のリスク —— 132
入り口を間違えない —— 137
膨大なトライ&エラーが正解を導く —— 140
生活レベルを上げない —— 143
健康的な生活をあなどらない —— 148
立ち止まったら環境を変える —— 152
人付き合いは幸せを呼ぶ —— 154
本が苦手でも、読むと世界が変わったりする —— 156

第4章 情熱を燃やす ―― 161

情熱さえあれば、どうにでもなる ―― 162
情熱を燃やすための原動力 ―― 164
とにかくやってみる ―― 167
何をやりたいかわからなくても、まず動く ―― 170
何をやるかは、自分で決めるしかない ―― 173
自分を信じる ―― 176
背中を押してくれる人の存在 ―― 180
新しいことに挑み続ける ―― 182

おわりに ―― 188

STAFF
デザイン／菊池 祐（ライラック）
装丁画／双森 文
DTP／キャップス
校正／麦秋アートセンター
編集協力／小田島 瑠美子

第1章

勝ちと〝価値〟を追い求めて

野球の天才

小学1年生のころ、僕は野球に出合いました。

家では父親が毎日のようにプロ野球中継を見ていました。僕の地元は愛知県で、テレビで流れるのは中日ドラゴンズ戦ばかりです。地元のチームということもあり、兄や友達もみんなこぞって中日ファンでした。

みんなと被ることが嫌いな僕は、身近では誰も応援していなかった東京ヤクルトスワローズのファンになりました。赤と紺のユニフォームがかっこ良かったのが決め手でした。キャッチャーの古田敦也選手が大好きで、古田選手の打撃や投げるフォームをよくまねしていました。

間もなく、僕は当然のように野球を始めます。それは野球と呼べるものですらなく、ゴムボールを投げ、プラスチックのバットで打つという遊びの延長でしかなかったかもしれない。でも、ボールを遠くまで打てた瞬間の爽快感にのめり込み、毎日のように友達と野球をして遊んでいました。


僕も野球選手になりたい。

あんなに楽しい野球で、お金をいっぱい稼げるなんて最高じゃん！

多くの少年と同じように、小さな僕は大きな夢を抱きました。


そんな中、友達から近所に少年野球のチームがあることを聞いた僕は、すぐに両親に「野球チームに入りたい」とお願いしました。

しかし、母親の口から出た言葉は「子どもがチームに入ったら、親は役員をしなければいけなくなるでしょ。残念だけど、父さんにも母さんにもその時間はないの」。

親の都合でやりたいことができない。あまりにも悔しい現実。

挑戦すらできないなんてありえない。

諦めきれない僕は「野球チームに入りたい」と、毎日両親にアピールしました。小学校から帰ってきてから、晩ご飯の食卓で、休日に家族で出かける車の中で……とにかく野球愛を伝え続けました。

僕の野球への情熱が伝わったのか、あまりにもしつこかったからか、小学3年生になったとき、ようやく近所の野球チームに入ることを母親が許可してくれました。**初めて自分の意思でやりたいことをつかみ取れた瞬間です。**

野球は、やっぱり最高に楽しかった。

そのころの僕は学年で一番背が高く、中学3年生まではずっと背の順で一番後ろでした。運動神経や動体視力もまわりと比較していいほうでした。

持って生まれた体格と能力のおかげか、ヒットを打つのは簡単でした。同じ学年だったら、誰よりも速い球を投げられました。

土日の練習以外は特に努力しなくともどんどん野球は上達していき、4年生でレギュラー、5年生のころには4番ピッチャーになりました。決して強いチームではなかったけど、僕がチームの中心にいたのは間違いなかった。

そうなると、両親は手のひらを返すように僕を応援しはじめます（子どもに才能の片(へん)

鱗（りん）が見えたら期待したくなるのはわかる）。そして、両親だけでなく、監督やコーチも僕に期待を寄せていました。

「お前は天才だ。将来甲子園に行ける。プロ野球選手になれるように頑張れ！」

まわりの大人たちからそう言われ続け、僕もいつしかその気になっていました。

ちなみに、このころの僕は学校生活にも恵まれていたと思います。友達は多かったし、悩みごともほとんどなく、毎日が幸せでした。

６年生になると、監督やコーチから「中学生になったらシニアリーグに行ったほうがいい」というアドバイスをもらいました。シニアリーグとは、学校の部活とは別の野球団体であり、将来、甲子園やプロを目指すような野球が上手い子どもたちが、県内各地から集まる場所です。

それに、それまでのチームでは軟式ボールを使っていましたが、シニアではプロと同じ、石のように硬い硬式ボールを使って野球をすることになります。

プロと同じボールで野球ができる。

それは、僕を高揚させるのに十分すぎる条件でした。

中学校の野球部で自由気ままに楽しくやるのか。

シニアに入って野球のスキルを高めていくのか。

迷う余地はない。

僕は、シニアに行こうと決意しました。

初めての挫折

中学に入ると、両親や少年野球チームの監督、コーチの期待を背負って、地域でも強豪の野球クラブに入りました。母親は僕を送り迎えするためだけに自動車免許を取得し、車も購入。親の期待、半端ない。

ところが、**シニアのチームに入った初日。自信に満ち溢れ、新たな世界が広がることを楽しみにしていた僕は、３年生に圧倒されます。**

毎週の厳しい練習と成長期も相まって、３年生にもなると高校球児に近い体つきをしている人ばかり。３年生の多くが、クラスでは一番身長が高い僕が気後れしてしまうほど大きく、ガッチリとした体型をしていました。そしてみんな、とんでもなく野球が上手かった。ボールのさばき方や投げ方、バットのスイングスピードや足の速さまで、自分の遥か上のレベル……。

成長期だから1年生と3年生の体格や身体能力の差は当たり前。だけど、当時の僕にとっては、すべてにおいて差が開きすぎていることに絶望しかありませんでした。

練習は想像の5倍はきつかった。ランニングは全員で足をそろえて走りながら、全力で声出し。少しでもボリュームが小さければ先輩に怒られる。30m全力疾走20本。うさぎ跳び15分。チーム50人で掛け声を合わせて、いつ終わるかもわからない腕立て伏せ。ミスをしたらボロクソに叱られるボール回し。特に1年生は基礎練ばかりで、練習器材の運搬、グラウンド整備といった雑用も任される。

なかでもきつかったのは、休憩時間があまりないことと水を十分に飲ませてもらえないこと。1時間のノックが終わったと思ったら、休憩はたったの3分。その間、水はコップ1杯しか飲ませてくれませんでした。

今では、スポーツをするとき、水をよく飲んだほうがいいことや、うさぎ跳びはダメなことが科学的に証明されています。しかし2007年当時は、全国どこのチームも昔ながらの根性理論がはびこっていたと思います。

小学生のときにやっていた練習が遊びに感じるぐらい、地獄のような練習でした。それでもみんな、何の文句も言わずにきつい練習をこなしていました。

今考えると、きっと週末のチーム練習以外にも、素振りやランニングなど、毎日自主トレしている人がほとんどだったんだと思う。だから厳しい練習に食らいついていけてたんじゃないかな。それぐらいみんな野球が好きだったし、将来甲子園を目指しているような人ばかりでした。

いつしか僕は、練習についていけなくなっていました。

それはチーム50人で、うさぎ跳びをやっているときのこと。僕は疲れが限界に達して、前に進めなくなりました。後ろのメンバーがどんどん僕を抜き去り、次の練習に移っていく。僕ともう一人の1年生だけが、その場に取り残されました。

その瞬間、僕の中でぽっきりと心が折れた音がしました。

僕は、落ちこぼれなんだ。

才能がなかったんだ。

野球、やめようかな。

チームに入ってわずか1カ月。僕は挫折しました。

小学生のころ、「天才」と散々もてはやされ続けたせいか、僕は有頂天になっていたのかもしれない。それまでの僕は、自分はプロになれる才能があると信じ込んでいて、努力して上手い誰かを追い越してやろうという考えがなかった。

毎週、みんなと同じ練習をして、才能のあるやつだけがレギュラーになれる。その中でもさらに才能のあるやつがいつか甲子園に行ける。その中の一握りがプロになれる。そもそも努力という概念がなく、世の中すべてのことは才能で決まると、そう信じ込んでいました。

このまま野球を続けても、甲子園やプロ野球選手を目指すどころか、このチームでレギュラーにすらなれないかもしれない……。

それでも毎週、いやいやながらも地獄の練習に参加し続けました。毎週の土日がやってくるのが恐ろしかった。雨で練習が中止になると心から嬉しかった。

僕のメンタルはボロボロでした。だけど、シニアチームをやめたいとは誰にも打ち明けられませんでした。

ある日、僕は自宅の2階で階段の前にたたずみ、こんな思いに駆られていました。

ケガをすれば練習に行かなくて済む。

ケガをすれば、野球をやめる口実になるかもしれない。

期待してくれていた人たちも納得してくれるかもしれない。

この階段から転げ落ちれば、もう野球をやらなくて済む……。

だけど、右足を上げた瞬間、「怖い」という感情が溢れてきました。僕はぎりぎりのところで踏みとどまりました。

そのまま僕は母親の元に向かい、「シニアをやめたい」と泣きながら訴えました。

「うん。じゃあ監督に伝えに行こう」

母は理由もろくに聞かず、涙を浮かべながら、ただ優しく僕を慰めてくれました。もしかしたら、僕がやめたいと思っていることに薄々感づいていたのかもしれない。

それから、監督にやめると報告しに行き、帰りに二人でファミレスに寄りました。そこでも母は涙をこらえながら、僕にずっと優しい言葉を投げかけてくれました。

僕の送り迎えのためだけに免許を取って車を買った母を思うと、胸が張り裂けそうだった。

もっと野球が上手くなって、いつか甲子園で活躍して、両親に応援に来てもらうのが夢だった。

いつかプロ野球選手になって親孝行するのが夢だった。

僕は、両親の期待に応えられなかったこと、そして自分に負けてしまったことが悔しくて、涙が止まらなかった。

シニアのチームに入って半年。

僕の初めての夢は涙とともに消え去りました。

ゲームで頂点とっても意味ないの？

野球をやめてからしばらくの間、僕はのんびりと暮らしていました。ずっと背負っていた誰かの期待や、重圧から解き放たれた感じがして、穏やかな毎日に幸せを感じていました。

でも、そんな日々が続くと不安も浮かぶものです。プロ野球選手になる夢が消えたけど、僕は勉強ができないし、この先どうするんだろう、と。

うっすらと将来への心配を抱いていた中学生の僕は、あるときゲームにハマります。友達から誘われて始めた「メタルギア」というシューティングゲーム。ハードは当時流行っていたＳＯＮＹのＰＳＰです。

「メタルギア」は革新的でした。日本中の人とオンライン対戦ができるんです。

今でこそ、「フォートナイト」や「荒野行動」のように、オンラインでつながるゲームは多いですが、当時はオンライン対戦ができるゲームが非常に少なかった。あってもパソコンゲームばかりだったし、パソコンやゲームに詳しいごく一部の人だけが知るものだったと思います。どのゲームも1000人が同時にログインしていれば多いほう、という感じで、「メタルギア」も人口的にはその程度だったかな。

それぐらいオンラインゲームの認知度が低かったころ。「同じ空間にいなくても、遠くの人と対戦できる。こんな世界があったんだ!」と胸を躍らせた僕は、ひたすらゲームにのめり込んでいました。

一日、最低5時間はプレイしました。学校にいる時間、食事、睡眠時間以外はほぼすべてゲームに没頭し、休みの日は一日中ゲームざんまい。勉強なんてまったくせず、毎日ゲームに明け暮れました。

その年、1年間のプレイ時間は2500時間になりました。はたから見たらダメな子どもだったと思います。

なぜそれほど没頭できたのか。

それは、**成長に目を向け続けていたから。自分の成長していく過程が最高に楽しかったから**。

例えば、相手に倒されてムカつくだけだったら、すぐに投げ出してしまうかもしれない。でも僕はどうして倒されたのかを常に考えていました。

1年たって、僕の実力は日本トップクラスになりました。

しかしある日、どうやっても勝てない人に出会いました。その人と対面すると、ヘッドショットで瞬殺されてしまい、歯が立たないのです。

僕は死ぬほど悔しかったけど、プライドを捨ててその人に弟子入りしました。

時間さえ合えば師匠と同じ試合に行き、彼の行動を見て研究しました。盗める技術はすべて盗む。ひたすら上手い人のまねをする。それが再現できるようになるまで反復練習をする。

まねを続けていくと、自分にしかできないオリジナルの技術を生み出せるようになっていました。

僕は、いつしか〝師匠〟よりも強くなっていきました。

僕は人生で初めて、人は努力で変わっていけることを学びました。まずは上手い人のまねをする。完璧にものまねでいい。オリジナルの技術は、あらゆる基本を学び尽くしたうえで身につけるものだと学びました。

そのゲームで最強になった僕は、「この世界でなら俺は輝ける」――そう思っていました。

そんなある日、父親にゲーム機を没収されます。

「遊んでないで勉強しろ」

野球をやめてからというもの、両親は僕に気を遣っていたところもあったと思います。でも、あまりにゲームばかりやっていたら心配になるのは当然のこと。

当時、職業としてゲームをやっている人はいなくて、ゲームはただの遊びでしかありませんでした。ゲームでお金を稼ぐ日本人は0人で、職業プロゲーマー、職業ゲーム実況者、という概念が存在しませんでした。

僕は師匠にチャットで聞いたことがあります。

「師匠は何歳で何してる人なんですか？」

「20歳でニートだよｗ」

当時最強だった師匠も、稼ぎのないニートでした。

ゲームを極めても、何もないんだ……。

これだけ努力して、成長して、誰よりも強くなったのに、誰も評価してくれない。

ゲームじゃダメなのかよ……。

悔しくて涙が止まらなかった。

何で、学生は学校の勉強でしか評価されないんだよ！

俺のやってきた努力は、プロ野球選手やプロ棋士の努力と何が違うんだよ！

ゲーム機を没収された僕は、悔しさと無力さから激しい苛立（いらだ）ちを覚え、リビングの壁を蹴飛ばしました。壁に大きな穴が開いて、親父にボコボコに殴られました。

僕は絶望しました。このままゲームをやっていっても誰にも認められない。社会に必要とされない。

苦労して、山の頂上まで登りつめて見えた景色は、何もない砂漠でした。

シンガーソングライターになりたい

ゲームを極めても自己満足にしかならない。

誰も喜ばすことはできない。

将来、仕事にもつながらない。

そう気づき、中学生にして二度目の挫折を味わった僕ですが、「それなら誰かに喜んでもらえることを極めよう」と、すぐに新しい道を探しはじめます。

当時の僕は、スキマスイッチというアーティストにハマっていました。

「僕もこんなふうに自分で曲を作って、ギターを弾いて歌いたい。シンガーソングライターになれば、多くの人に喜んでもらえる。そうだ！　次は音楽を極めよう！」

僕はわりとあっさりと、ゲームから音楽の道へとシフトしました。


中学3年の春。修学旅行に行く前日に、僕は両親から交通費やお小遣いとして2万円もらいました。そして部屋に戻るとすぐに、ネットで1万5000円のアコースティックギターを注文しました。届くのは修学旅行から帰る日に設定して。

修学旅行の行き先は東京。ディズニーランドでは友達がグッズやお菓子を山ほど買い込んでいたけど、僕は何も買いませんでした。グループ行動の日は、アニメ好きの友達の提案で秋葉原に行ったけど（僕もアニメが好き）、やっぱり何も買いませんでした。でも、アニメショップでグッズを眺めているだけでも楽しかったんです。もともと物欲がないのが幸いでした。

食事も自費の場合は一番安いメニューを選び、超節約旅行に徹した僕。それでも、ギターのためだったら他に何も買えなくても全然惜しくなかった。

修学旅行から帰ってきてすぐ、念願のギターが届きました。両親からは小言のようなことを言われた気がするけど、「早くギターを極めてシンガーソングライターになりたい！」と興奮していた僕の耳には何も届きませんでした。

ピカピカのギターを手に取って、ここから僕の新たな人生が始まる。わくわくが止まりませんでした。

それからというもの、毎日3時間以上はギターの練習に費やしました。

ギター初心者の〝壁〟とよく言われるのが「Fコード」。人差し指で6本の弦すべてを押さえなければならず（もちろん他の指もそれぞれ稼働）、ここで挫折する人もいるというくらい難しいコードです。でも、僕は指が長かったので、難なくこの壁を越えられたわけです。

ある程度コードがわかってきたとき、ネットで調べると、スピッツの「チェリー」が一番基本に則っていて易しいということだったので、まずはそれに取り組みました。YouTubeを観ながら、見よう見まねで弾きまくりました。

同時に僕は歌の練習も始めました。実はこのとき、僕は歌があまりにも下手でした。カラオケで点数を計測すると、だいたい60点台……。友達とはカラオケに行ったことがなくて、家族とたまに行くくらいだったけど、もともとの能力値が低すぎることは自分でもわかっていました。

でも、練習すれば上手くなれるはず。僕は自転車で片道40分のカラオケ店に週1、2回通いました（家で練習するのは恥ずかしかった）。

当時、僕はニコニコ動画にハマっていて、まずはボカロの歌い手さんの歌い方をまねすることにしました。そして、自分の歌をボイスレコーダーで録音し、本家と音程やリズムが違う箇所を修正して歌い直す、という過程を何度も何度も繰り返しました。

なんとなくコードも覚え、ギターが弾けるようになってくると、ギターに合わせて歌ってみようとするものですが、これがまあ上手くいかない。ギターに集中すると普通に歌えないいんです。テレビで見るアーティストのようにはいかないんですよ。当たり前だけど。それは〝Fコードの壁〟より遥かに高い壁でした。

それでも僕はできると信じて練習を続けました。ゲームと同じく、**努力すればレベルアップする確信があったから**。結果ではなく、成長に目を向けていたから。

ギターを始めて4カ月ほどたったでしょうか。たどたどしいリズムではあったけど、僕は「チェリー」を弾き語りできるようになりました。

それはぶっちゃけ「チェリー？……だよね……？？」ってレベルだったと思う。でも、僕は努力が形になりはじめていることを心から実感できていました。

初ライブ

高校1年の冬。将来の夢を作文に書き、クラスのみんなの前で発表する機会がありました。そこで僕は「シンガーソングライターになりたい」と正直に書き、発表したのです。

僕の発表を聞いた担当の先生は、興味を持ったのかその場で弾いてみるよう言い出しました。そのころの僕は、ギターも歌もある程度上達していて、大好きなスキマスイッチも何曲か弾けるようになっていました。

突然訪れた練習の成果を披露するチャンス。願ってもないオファーに、僕は待ってましたとばかりにスキマスイッチの「奏(かなで)」を弾き語りしました。

僕の初めての〝ライブ〟会場は高校の教室になりました。観客はクラスメイトと先生、合わせて三十数人。もう何度繰り返したかわからないコードもリズムも歌詞も、流れるように僕の体から奏でられます。僕から生まれた音が鳴りやむと、教室は拍手に包まれました。

ここまでの練習量は1000時間を優に超えています。僕は内心自信があったので、ミスなく弾けたことは当然だとすら思っていました。

そして、これをたまたま学年主任の先生が見ていたんです。実は先ほどの作文、優秀者は学年全員の前で発表することになっていました。僕は作文が下手だから無関係だと思っていましたが、作文ではなくギターと歌を発表するよう、学年主任の先生から告げられます。

発表当日。体育館に集まったのは250人の生徒たち。初ライブからすぐに、観客数は3桁まで増えました。

教室で披露したときとやることは同じ。緊張はしないと思っていたけど、いざ250人を目の前にすると、鼓動はわずかに速まりました。

「練習通りやれば大丈夫」

僕は自分にそう言い聞かせて、体育館のステージに立ちました。

僕は必死に弾き語りしました。ギターを一回ミスしたけど、ほぼ練習通りこなすことができた。

気づいたらたくさんの拍手に包まれていました。

「めちゃくちゃ良かったよ」

友達や先生方からたくさんの称賛の声をもらったあの日。青春時代の淡い夢は、実現に向けて色濃くなりはじめていました。

上京

〝初ライブ〟を経て自信がついた僕は、高校を卒業したら上京し、本格的にシンガーソングライターを目指すことに決めました。当時活躍していたスキマスイッチやゆずなどのアーティストたちは、路上ライブを経験していた。それなら僕もその道をたどるべきだと。

高校3年の冬。僕は都内でアパートを探しはじめます。愛知県で生まれ育った僕には、東京の土地勘なんかありません。それでも、地図や路線図やネットの情報を調べながら、石神井（しゃくじい）公園にあるアパートに決めました。そもそも楽器ＯＫの物件というと選択肢が限られていたので、すんなり見つけることができました。

「大学や専門学校には行かないから、その分のお金を家賃に充ててくれ。絶対にプロになるから。俺に投資してほしい」

そう頭を下げると、両親は僕の努力を知っていたからか、反対はしませんでした。すでにオリジナル曲も作り、文化祭でも歌を披露するなど、真剣に音楽と向き合っている僕の姿を見てきた両親は、何のためらいもなく背中を押してくれました。

これですべての準備が整いました。


引っ越し当日。トラックに少しの家具と段ボール、そしてギターを積み、父親の運転で僕は東京に向かいました。

絶対にプロになる。

絶対に有名になる。

3人乗りの小型トラックの窓側の席に座る僕は、両親の隣で静かに胸を高鳴らせていました。

狭いアパートで始まった一人暮らし。僕はさっそく路上ライブに向けて準備を進めました。選んだのは新宿駅西口。とにかく人が多い場所で歌い、できるだけ早く誰かの目にとまりたかった。

ギターと小さなアンプを抱え、混雑した電車を乗り継ぎ、30分ほどでたどり着いた新宿駅。いよいよ初めての路上ライブです。

しかし、僕の期待に反して、立ち止まってくれる人は誰一人いませんでした。まだ青い歌声は都会の喧噪（けんそう）に溶け込んで消え、誰かの元に届くことはありませんでした。

たまたま初回は残念な結果になった。でもまあ、一日で上手くいくはずもない。

悲しみをこらえ、僕は来る日も来る日も同じ場所で路上ライブを続けました。

ですが、相変わらず誰からも見向きもされません。

まじか。

高校時代はみんなから褒めてもらえたのに。

自分自身が世の中から否定されている気がして、わずか2カ月で路上ライブをやめました。メンタルはどん底まで落ちていました。

僕は所詮、井の中の蛙だったんです。地方の高校という小さなコミュニティーでは評価されても、広い東京には自分よりも遥かに上手に歌い、ギターを弾ける人がいる。あのときの僕は、高校生にしてはそこそこ上手かっただけなんだ。**それならもっと練習して、もっといい曲を作って、自分の価値を高めなければここでは戦えない**。

再起を誓い、僕はますます練習に打ち込みました。割がいいからという理由で始めた新聞配達のバイトをこなしながら、僕は無心で音楽と向き合いました。

当時の生活リズムはこんな感じです。

14時　起床。激安のご飯（もやしや半額肉など）を食べる
15時～21時　弾き語りの練習
22時　夕食
23時～2時　作曲・練習
2時～6時　新聞配達
7時　就寝

さらに、ギターが弾けるだけでは足りないと思い、ピアノも始めることにしました。

連日、8時間は練習していたでしょうか。そんな生活が数カ月続いたある日、左手の指に違和感を覚えました。ちょっと動かしづらいかも。

だけど、練習をやめるわけにはいかない。疲れているだけだろう。

軽い気持ちで考えていた僕ですが、数日後に激痛が襲います。

病院に行くと、左手の人差し指から小指までの4本が腱鞘炎（けんしょうえん）だと診断されました。

「治るのにどれぐらいかかりますか!?」

僕は必死でした。

「早くて半年。下手したら3年とかかなぁ。無理をしたら二度と治らないよ。しばらく安静にしてください」

ギターもピアノも弾けないという宣告。

唯一の希望だった音楽を奪われ、僕は絶望に打ちひしがれていました。

ニート青年の憂鬱

音楽の道を断たれた僕が、東京にいる理由もありません。事情を知った両親も「家に帰ってこい」と言うので、僕は実家に帰ることにしました。

そこから1年間、次の夢が見つからないまま、僕は引きこもりニート生活を送ります。

20年足らずの人生で、僕を突き動かしていたのはいつも、「何かを極めたい」という情熱でした。その「何か」は、「特別」であるほうが良かった。「みんなと違うことを頑張りたい」という欲求が強かったんです。

学生時代、みんなが頑張る（頑張らされている）「勉強」にはあまり興味が持てなかったし、やる気も起きなかった。そもそも「勉強」は、ライバルが多すぎて勝つことは難しいし。自分は〝オリジナル〟でありたかった。

そういう僕だから、次の目標を見つけようにも、すんなりとことが運ぶわけはなかったんです。〝学校〟というべき社会が存在した子どものころとはもう違う。大人になった今、目標を決めるというのは、自分の人生の選択と直結するから。

しかも、気晴らしにゲームをしようにも指が使えない。毎日自分の部屋にこもって、ネットやアニメを見ながらぼんやりと一日を終えるだけでした。

シンガーソングライターになると豪語して上京しただけに、気安く地元の友達とも会えない。まわりの同世代が大学生活を謳歌（おうか）したり、社会人として自立していったりする一方で、僕には何もない。暗闇の中に一人取り残されたような感覚。この時期は本当にきつかった。

そんな暮らしを続けていたある日、ふと外に出てみようという気になりました。

久しぶりの外出は、わずか15分の散歩。近所を少し歩いただけでも、しばらく避けていた世界は驚くほどすがすがしくて、暗闇の中に光が見えた気がしました。

それから、翌日は30分、その次の日は1時間と、時間を増やしながら散歩を続けるうちに、僕の心は前を向けるようになっていきました。

とりあえず働こう。まずはそこからだ。

子どもたちと僕

僕は学童保育の先生として働きはじめました。ネットの求人情報で見つけた仕事です。学歴も経験も不要で、〝普通〟のサラリーマンのような仕事には向いていないと思っていた僕にとっては、子どもたちと遊んでお給料がもらえるという職種は魅力的でした。

その施設に通っている小学生は約40人。僕は週4日出勤で、勤務時間は13時半から18時ぐらいまで。子どもたちがやってくるのは15時ごろなので、それまでは施設の掃除やレクリエーションの企画など、子どもたちを迎える準備をします。

一見楽そうに見えるかもしれませんが、なんせ僕はニート上がり。1年間のニート生活で培ったコミュ障が発動し、最初は他のスタッフとも子どもたちとも上手く接することができません。先輩方から「もっと積極的に子どもたちに話しかけて」「もっと自主的に動いて」などなど、たくさんのご指導を受けました。

それでもなぜか、子どもたちは「ドッジボールしよう」「鬼ごっこしよう」と、僕に寄ってきてくれるんです。当時僕は20歳。スタッフの中では最年少だったから、年が近いことが有利だったのかもしれない。不思議に思いながらも、「一緒に遊んでくれてありがとう」という子どもたちの言葉に、誰かに必要とされる喜びを感じていました。そうやって子どもたちに救われ、僕は徐々に学童保育の場に馴染んでいきました。

子どもたちと過ごす日々の中で、僕は彼らから刺激をもらっていました。子どもってあっという間に背が伸びたり、逆上がりを練習すればできるようになったり、難しい問題も解けるようになっていったりする。子どもって本当に成長のスピードが速いんです。そんな彼らを目の当たりにして、**自分もまだまだ成長できるんじゃないかという意欲が湧き出てきました**。

そして、子どもたちは何よりもピュア。当時はYouTuberになりたいという子どもが多かったかな。みんなが目をキラキラさせて夢を語る様子を見ていると、**「20代の僕だって、本質は子どもたちと変わらない。僕も夢を追いかけたい」**と思えたんです。

今考えても、本当に子どもたちには感謝しかありません。

俺は小説家になる！

学童保育で働きはじめる直前、僕は小説家という職業に興味を持ちはじめます。昔からアニメが好きだった僕は、アニメの原作になるライトノベルを書いてみたいと思うようになっていました。

それまで、アニメは見るもので、自分で作るという発想はありませんでしたが、あるときふと、小学2年生のときに、物語を書くという課題ですらすらと書けたことを思い出しました。読書感想文は苦手だったけど、物語を作ったり、キャラクターを動かしたりすることは得意でした。確か、原稿用紙3枚くらい書けばいいところを、僕は20枚くらい書いたんです。少年の冒険ものだったかな。「こんなにたくさん書いたのはお前ぐらいだ」と、先生から褒められたのは小さな誇りになっていました。

それは遡る(さかのぼ)と、幼いころに兄と人形遊びをしていたおかげかもしれない。即興で物語を作り、たくさんの人形を動かす。幼稚園から小学3年生ぐらいまで、そうやって毎日のように遊んでいた。今思えば、その経験があったから書けたのだと思います。

子どもたちと接する中で、夢に向かう意欲をもらった僕は、大手出版社のライトノベル新人賞を目標に決め、さっそく物語を作りはじめました。

僕は、やると決めたら動かずにはいられないタイプです。僕の行動の早さは異常かもしれません。

まずは頭の中である程度キャラクターを作って、いきなり冒頭から書きはじめました。テーマは「心」。家族愛とか友情を描いて、感動できる作品にしたい。

ただ、文章力にはまったく自信がなかったので、わかりやすくて伝わる文章を書くハウツー本や児童書を片手に、コツコツと執筆を続けました。

思いのまま書き進めた文章は新人賞の規定のページ数を大幅に超えてしまい、余分な箇所を削る作業にたくさんの時間を要しました。200ページぐらいは削りました。

そうこうしながら、1年半ほどかけて初めての作品が完成しました。

「これは大賞をとれるかもしれない」

全精力を注いだ自信作。しかし、時がたち、ホームページに公開された一次選考の結果発表欄には僕の名前がない。何かの間違いじゃないかと思って出版社さんに問い合わせまでしました。「落ちてますね」とバッサリ切られると、ショックのあまりその晩は枕を涙で濡らしました。

俺って才能ないのかな。

だけど、すぐには諦めません。翌日、悔しさをばねに「次こそ絶対一番をとってやる！」と再び動き出します。

どこが良くなかったのか。作品を読み直し、課題点を考えると、基本がなっていなかったことに気づきます。

まず僕はプロットを作っていなかった。プロットは物語の柱です。キャラクターは多面性がないといけないし、ストーリーも起承転結がしっかりしていなければならない（当然だけど）。それらをプロットとして最初にしっかりと立てておくべきでした。

今ならわかるけど、プロットは絶対に用意するべきものです。それをないがしろにして、僕はキャラクターたちの日常の面白いやり取りを書くことに夢中になってしまっていました。この作品はそういった場面の寄せ集めになり、キャラクターの魅力も浅く、ストーリーの基盤もできていなかったのだと思います。いわばコント集になっていたのです。

僕は小説の書き方の基礎を勉強することにしました。世界観や設定を事前に細かく決めることや、キャラクターにはギャップがあると魅力的に映ることなど、基本を学び、しっかりとプロットも用意して2作目に挑みました。

さらに、心理学や栄養学の本も読みはじめました。弱いメンタルを安定させて体調も整えば、執筆のパフォーマンスも上がるはずだと思ったからです。このころ、執筆をしつつ、月に20冊ほどの本を読んでいました。

それから8カ月がたち、2作目が完成。〆切の関係上、今作は1作目とは別の出版社に応募。見事、一次選考を突破することができました。

ですが、二次選考の壁は越えられませんでした。悔しいけど、前よりは一歩進んだ――成長を感じられた気がして、僕が下を向くことはありませんでした。

果てしなく才能がなかったわけではない。まだまだ諦めてはいられない。

プロゲーマーの俺、爆誕

実は、小説執筆の傍ら大好きなゲームを続けていた僕。腱鞘炎で指が使えなくなってからは、スマホゲーム「ベイングローリー」にハマっていました。

これは本来、スマホをゲームコントローラーのように持ってプレイするゲームですが、僕は指を使わず、タッチペンで挑んでいました。努力すれば何でも極められると信じていた僕は、学童保育で働きながら、小説を書きながら、同時に「ベイングローリー」と本気で向き合っていました。

1年後、僕が「ベイングローリー」日本ランキングでトップ30に入ろうとしていたころ、世の中には「eスポーツ」というジャンルが生まれ、「プロゲーマー」という職業が誕生していました。

そして、「ベイングローリー」にもプロチームが発足します。

俺もプロゲーマーになりたい！

少年のころのような淡い夢を抱いたものの、その後「ベイングローリー」の人気は右肩下がり。ユーザーが減れば、ｅスポーツとしては成立しません。

このまま続けていてもプロになるのは難しい。

せっかくここまで極めたのに。

これじゃあ、中学時代と同じではないか……。

しばらく悲しみに打ちひしがれていた僕ですが、「2ちゃんねる」創設者のひろゆきさんのゲーム配信を見て、スマホの対戦型カードゲーム「クラッシュ・ロワイヤル」に出合います。

ゲームのプレイ動画を見てすぐに「これは絶対にｅスポーツの流れが来る！」と確信した僕は、「ベイングローリー」からあっさりと「クラロワ」に鞍替えし、時間を見つけては打ち込みました。そして半年後、実際に「クラロワ」のプロゲーマーが誕生することになります。

小説家かプロゲーマー。どちらでもいいから花が開いてくれないか。二兎を追う者は何とか諫められようとも、僕はどちらかだけに絞ることはできなかった。

そのうち、「クラロワ」日本ランキングトップ20に入ったことで自信がついた僕は、プロ選考会に応募します。が、あえなく二次選考落ち。現実はそう甘くはなかったです。

次の選考会までの1年間、僕は「クラロワ」をプレイし続けました。自分が作ったオリジナル戦術だけを使い続け、膨大な時間を注ぎ、みるみる強くなっていきました。

今までの常識をぶっ壊した新戦術で、僕は日本ランキング1位をとるぐらいに上り詰めました。中学生のときに培ったノウハウが、再び僕を輝かせてくれました。それはもちろん、目先の結果ではなく、成長に目を向け続けること。

「クラロワ」のランキング上位に変な戦術を使ってるやつがいると、僕の名は界隈では少し有名になっていきました。

そんなある日、「クラロワ」で最も有名なYouTuber・ドズルさんが大会を開きます。出場者は８０００人。ここで結果を残したらプロになれるかもしれない。勇んで出場した僕は、当時のプロや最強アマチュア選手などを次々と倒して、見事優勝を勝ち取りました。

そこからはもう前に進むのみ。ドズルさんにDMを送って「クラロワ」の公式番組に出演させてもらったり、他の大会にも出場して結果を残したり。

ハネハネの名と、僕の戦術〝ハネハネデッキ〟はクラロワ界で一躍有名になりました。

地道に実績と知名度を上げていった僕は、eスポーツチーム「DetonatioN Gaming」にスカウトされ、プロゲーマーになることを決意します。

ちなみに、同時進行していた3作目の小説は新人賞の最終選考まで残っていましたが、僕はゲームの道を選択しました。かつて「ゲームなんてやってもムダ」と言った両親も、「ゲーム会社に就職する」と伝えたら、快く送り出してくれました。

約2年間、僕はゲームと小説の両方とも、真剣に取り組んでいました。**もっと強くなりたい。もっといい作品を書きたい。自分の成長だけを見つめて奮闘していた毎日は、日々の小さな成長を実感できることが大きな支えになっていました。**

二兎を追う者が一兎を得たぞ。本気で取り組めばやれないことなんてない。

好きを仕事にするってしんどい……

大好きなゲームで食べていける。こんな嬉しいことはありません。ただ、アマチュアのころには考えも及ばなかった現実が、そこには待っていました。

勝てない……。

「クラロワ」のプロリーグは韓国で行われていて、日本の4チーム、韓国の4チーム、東南アジアの4チーム、全12チームが、1シーズン半年間しのぎを削ります。

僕はプロデビュー戦から5連敗を喫しました。アマチュア時代に築き上げた僕の戦術〝ハネハネデッキ〟は、他のプロたちからしっかりと対策を練られていて、その一手のみで戦っていた僕には、手も足も出ませんでした。

リーグの模様はYouTubeで生配信されていて、僕が負けるたびにコメント欄は大荒れ。「下手くそ」「出てくんな」「もうやめろ」などなど、罵詈雑言(ばりぞうごん)の嵐です。これにはかなり精神的にやられました。

しかも、韓国ではチーム5人での共同生活。全員、同じ部屋で寝て、同じ部屋で練習をして、食事をとるのも一緒。寝て食べる以外はずっとゲームの練習で、一人の時間がまったくないその環境は、僕にとっては相当苦しい日々でした。

さらに、10代の子たちばかりのメンバーの中で、僕は当時24歳とやや年上。ルーズな生活にならないようメンバーに注意をしたいけど、チームの足を引っ張っている僕が偉そうにするのは図々しい気がして何も言えなかったし、そもそもリーダー気質もなかった。誰かと一緒に物事を進めることは、僕には向いていなかった。

そんな状況でも、僕は勝たなければいけない。

このままではいけない。新しい変化球を覚えないと、毎回対策されて負けてしまう。誹謗（ひぼう）中傷のコメントで溢れる中、それでも応援し続けてくれるファンの声もありました。それが僕の唯一の救いでした。

この人たちのために勝たないといけない。僕はさらに「クラロワ」を研究して、新しい戦術を生み出しました。

5連敗の後の試合。2対2で行うダブルスの試合でした。対戦相手は当時リーグ最強のペア、みかん坊や選手と天GOD選手。同じ日本人選手でした。

みかん坊や選手は昔から憧れの存在で、一ファンでもありました。試合前のメイクルームには、そのみかん坊や選手の姿がありました。

いつも動画で見ていた憧れの人と戦える。

ここで勝つことができたら、大きく前進できる。

胸を借りるつもりで舞台に立った僕は、冷静でした。考えていた新戦術は見事にハマり、ストレート勝ちをすることができました。

やっと勝てた。

勝利の報告をしたTwitter（現X）は、ファンの温かいコメントで溢れました。ファンに喜んでもらえたことが心底嬉しくて、僕は涙が止まりませんでした。

後に、その戦術はダブルスにおいて最強だということが広まり、「クラロワ」リーグでも全チームがその戦術を採用するようになりました。

ただし、その後は勝ったり負けたり、勝率は五分五分でした。最初の連敗が響いて、リーグを通しての僕の戦績は負け越し。

いくら努力をしても上には上がいる。

そんな現実の厳しさを思い知らされた半年間でした。

YouTubeでどう戦うか

プロとしての自信をなくしつつあったころ、僕はドズルさんに勧められてYouTubeでゲーム実況を始めることにしました。

もちろん、試合で勝てるのがベストです。ただし、たとえ試合に勝てなくても、スポンサー企業からお金をもらっている以上、プロとしての知名度や人気が上がれば、チームの役に立つだろう、と思って。

でも、僕はしゃべりが得意ではありません。それに「クラロワ」の実況者はすでに7人ほどいて、もう席が埋まっている状況。**しゃべりもプレイも上手く、人気も高い猛者たちが集まる中に、自分はどんな武器を持って挑むのか**。

数日間考え抜いて出した結論は「笑い」。当時、上手いプレイを見せる人や、新しい情報を詳しく解説する人はいたけど、面白さに特化した人はいませんでした。

これしかない！　まだ誰もやっていないならいけるかもしれない。

初めて出したのは、120%ハイテンションでプレイする動画。奇声や変顔のオンパレードだったその動画は、再生数もそれなりに伸び、僕は手ごたえを感じました。

いける！

続けて僕は、カイジのものまねをしたり、中二病キャラを演じたり、冒頭に「クラロワ」のキャラクターが登場するコントを差し込んだりと、笑いに特化した実況動画を上げ続けました。

再生数が安定的に7万〜8万回を記録するようになったころ、僕は「クラロワ」の公式番組のMCに抜擢(ばってき)されました。憧れていたドズルさんの後継者として。快挙すぎる。

その後、プロとしての契約は終了。僕はしばらくゲーム実況者として活動を続け、それなりの再生数を出していました。

しかし、1年ほどして気づいてしまったんです。「クラロワ」がサービス終了したら、仕事がなくなると。

「クラロワ」に依存しすぎてはいないか？　たった1本のゲームに頼る現状、危険ではないか？　軌道に乗っていたはずの僕の人生は、再び暗い闇に包まれようとしていました。

コント、やってみればいいんじゃないの？

将来を案じた僕は、足でプレイするゲーム実況を試みますが、再生数が爆発的に伸びることはありませんでした。

そもそも、すでに超人気YouTuberが何人も台頭しているゲーム実況の世界では、このまま続けていても、これ以上の飛躍は難しいのではないか。今、僕の持っているスキルを使って、YouTubeでできることとは……？

今後について悩んでいた僕は、ふと、「クラロワ」ゲーム実況で冒頭のコントがウケていたことを思い出しました。ゲーム実況をしていた約1年、僕は30秒ほどのコントを200本ほど作ってきていました。

ゲームのキャラクターで作っていたあのコントを、一般の人も楽しめるようなネタにしてみたらどうだろう？

僕はさっそくネタ作りを始めました。ここで活きたのが小説を書くために学んできた経験です。ストーリーの組み立てはもちろん、実は最後に書いたのがコメディー小説ということもあり、笑いについても多少はスキルを培っていたつもりです。でも、まだまだ足りない。

僕はさらにコントについて研究を始めます。台本の書き方、演技の魅せ方、編集の仕方——。

こうして、身近にありそうな題材から、著名人、漫画・アニメの人気キャラのパロディーなど、幅広くチャレンジしていって、2年後、僕のコントチャンネルは登録者数100万人を超えることになります（詳しくは後の章で触れます）。

「何かを極めたい」
「オリジナルで一番になりたい」

僕が夢を追いかけてきた根底には、そういう思いがありました。

さまざまな寄り道をしてきたけれど、やっとここで一つの節目を迎えることができたのではないか。

その嬉しさは、表現しようもないほど大きく特別なものでした。

第2章

人気を継続させるために

人気を維持する秘訣

「YouTubeとは、ゴールの見えないマラソンのようなもの」

これは、日本一有名なYouTuber、HIKAKINさんの言葉です。

動画を上げ続けなければ登録者数は減っていくし、たとえ何年か調子が良くても、その後に失速して数字が落ちれば、オワコン扱いされてしまうのがYouTubeの残酷なところ。正しく走り続けなければならないし、足を止めてもいけない。

例えば、一度軌道に乗ると、しばらくは何をやっても数字が伸びる無双期間が訪れます。この時期は、面白い面白くないにかかわらず、どんな動画でも「この人だからとりあえず見よう」「この人が好きだから何でも面白い」というバイアスが視聴者に働き、ある程度の再生数を稼ぐことができます。

要は、**斬新なYouTuberが出てくると、視聴者が動画の内容ではなく、その人の勢い**

と目新しさで思わず見てしまう現象が起きるのです。

この無双期間は、いろいろなYouTuberを見てきた経験上、そして僕自身の実体験として、１年以内に終わります。

つまり、１年が過ぎてからが本当の勝負なのです。

ここで、人気をキープし続ける人とオワコンに向かっていく人の二つに道が分かれます。これを分ける理由は、僕は一つだと思っています。

それは、**新しいことを試し続けるか、そうでないか**。

人気は瞬間最大値よりも継続期間の長さが大事だと、僕は考えています。YouTuberとして支持を得続けるために、僕は挑戦をやめません。

目先の結果よりも成長

これはある程度認知されるようになってわかったことですが、**人目につくようになると、目先の結果に目が行きがちになってしまいます**。

YouTubeでいえば、再生数、いいねの数、チャンネル登録者の数。有名になったYouTuberの多くが、この数字にとらわれているのではないかと僕は思っています。僕の知り合いのYouTuberたちにも、常にスマホで動画のアナリティクスをチェックしている人が多いです。

かくいう僕も、初めて再生数10万回に達した後は、以降の動画がなかなかそこまで届かないことにモヤモヤしたのは否めません。

これはYouTuberに限ったことではありません。俳優やプロデューサーならドラマの視聴率、ミュージシャンや漫画家ならダウンロード数や売り上げなど、さまざまな業界で、有名になったり一度成功体験を得たりしてしまうと、作品を作るうえで誰かの評価を気にするようになりがちだと思います。

もちろん、データを見て研究することは大事だけど、僕は目先の数字にとらわれすぎるのは良くないと考えています。

なぜなら、**数字にとらわれすぎると、失敗を恐れて新しいことを試さなくなってしまうから**。結果、「過去に上手くいったこと」だけをするようになってしまう人もいるかもしれません。

「あれ？　このパターン前にも見たな」

一度や二度ならまだいいけれど、視聴者に何度もそう思わせてしまうと、もう二度と見てもらえなくなる。飽きられてしまいます。

それは作っている自分自身も同じです。

同じような動画を作り続けていると、自分だって必ず飽きてくる。飽きがくると、作るものに対しての熱量が薄れて、自然とクオリティーは落ちていくものです。**「絶対に**

これがいい」でなければならないのに、「これでいいや」となるように。

YouTubeには、斬新な動画が常に舞い込んでいます。だからこそ、同じことを続けていると、時代に取り残される。

そうならないためには、**変化を恐れず、自分を成長させるしかない。成長するためには、新しいことを取り入れるしかないのです。**

新しい要素は全体の５％は入れる

新しいことを試すと、時に失敗します。むしろ失敗することのほうが多いかもしれない。目先の再生数が落ちることは往々にしてあります。

しかし、失敗を繰り返していくうちに、新しく上手くいくパターンが出てきて、動画のバリエーションは広がっていきます。そして、長期的に見ると、視聴者にも飽きられづらくなります。

だからこそ絶対に新しいことには挑戦していかないといけないけれど、失敗というリスクを減らすためにはどうすればいいのか。

それには、**全体の５％を変えることが最善だと思います**。

変える部分はどんな些細なことでも良く、残りの95％は今までの上手くいった要素を詰め込んでかまいません。全体の５％であれば、たとえそれが失敗しても少しの痛手で済みます。その５％が上手くいったら、次はそれを10％、20％と広げていくのもいいです。

僕は毎動画、新しいことを５％取り入れるということを意識しています。例えばこんな感じです。

「今回は少しセリフを速くしゃべってみよう」
「いつもより口角を上げて、より明るい笑顔を作ってみよう」
「今回は背景画像にＡＩイラストを１枚活用してみよう」

「なんだ。それだけ？」と思った人もいるかもしれません。

でも、これでいいのです。

ぶっちゃけると、大きく変えてみてもいいのです。失敗すれば目先の結果は悪くなりますが、たとえ失敗しても、「失敗するパターンがわかった。じゃあ次はこうしよう」

と、また新しく試せばいいじゃないですか。

もし、新しいことをしすぎて失敗したときは、過去の上手くいっていた要素を増やせばいいだけです。**過去に立ち返ることは簡単なのです。**

そうやって、少しずつ自分の作品に変化を加えていく。すると1カ月、半年、1年……いつか過去を振り返ったときに、以前と比べて今の自分ができることは大幅に増えていて、より面白いものが作れるようになっているはずです。

結果、多く人が自分の動画を見続けてくれるようになっていきます。

日本一の人たち

最近のYouTubeで日本一伸びている企画は、元プロ格闘家の朝倉未来(みくる)さんの「ブレイキングダウン」です。「ブレイキングダウン」とは、いわゆるケンカ自慢たちが1分間殴り合うという、YouTubeでは異質なものです。

ちなみに、初期の動画は1分間の試合映像が流れるだけでした。それでは出場選手のストーリーが見えず、視聴者はただ知らない人同士のケンカを傍観するだけだったので、再生数は伸びていませんでした。

しかし、第4回大会から、オーディションを取り入れるようになり、一気に再生数が何倍にも伸びました。選手にそれぞれ因縁やストーリーをつけることによって、視聴者が感情移入しやすくなり、1分間の本戦がより楽しくなったのです。

そしてそこからは、毎回新しい要素を取り入れて成長していきました。日本の地区対抗戦をやったり、海外との対抗戦をやったり、素人vsプロで対戦をさせたり、毎度新鮮な要素が追加されています。賛否両論ある中でも、YouTubeで日本一の企画になったのではないかと僕は思っています。

誰もが知るHIKAKINさんも、今でも第一線で活躍し続ける数少ない一人です。

昔はお菓子レビューやチャレンジ動画など、誰でも家でまねできるような親近感のある動画ばかりを出していました。その当時は同じようなことをやる人が少なく、視聴者の目にも新鮮に映っていたと思います。しかし、上手くいったものはまねされる。似たような人が現れる。時には元祖よりすごい人が現れる。

HIKAKINさんは、今でも進化し続けています。

料理動画や日常のブログなど、親近感のある動画も出しつつ、最近では１０００万円の福袋を買ったり、YOASOBIのＰＶを再現したり、20億円の豪邸を借りて新たな企画を展開したり、他の人がまねできない大規模な企画をやっています。それもハイクオリティーを保ったまま。

こうなると、ライバルがいないので完全に一人勝ちの状態。

まさに〝日本一〟の人たちは常に新しいことを取り入れて、自分を成長させ続けているのが見て取れるはずです。

「本質」を見失わない

さまざまなYouTuberを観察して感じたのは、数字が落ちると小手先のテクニックに走る人が多いということ。

よくあるのが、サムネ釣り、タイトル詐欺と呼ばれるものです。内容とはまるっきり違うサムネ、タイトルで視聴者を思わずクリックさせるという作戦です。

当たり前ですが、簡単に興味を引けるので、その動画の再生数は伸びます。実際、1年に1、2回ならまだ良くて、視聴者も笑って許してくれます。

しかしそういう「嘘」が続くと、当然のように視聴者は信用してくれなくなります。「信用を失う」というのは「嫌いになる」に等しいです。

だから、これは絶対に続けてはいけないこと。

もう一つ、再生数や登録者数を簡単に稼ぐ方法として、コラボがあります。別の

YouTuberと一緒に動画を撮ることによって、自分のことを知らない相手の視聴者にも知ってもらおうというものです。

これは、お互いの良さが出る動画であれば、数字は大きく伸びます。普段とは違う年齢、性別の視聴者層に見てもらうこともできます。簡単に数字が伸びるので、多くのYouTuberがよくやっているのはみなさんもご存じでしょう。

だけど、お互いの良さが潰れてしまうようなコラボも一定数あって、それだと完全に逆効果になります。

例えば、人気の格安イタリアンファミレスと回転寿司店がコラボしたとしましょう。斬新で美味しい料理が展開できれば最高だけど、そうはならない可能性のほうが高いと思いませんか？　そもそも、イタリアンとお寿司では、ジャンルがあまりにも違いすぎるから。

「イタリアンを食べに来たんだから、今はお寿司を食べたくないよ」

お店に来た人は、そう思うのが普通。

こういったお互いが損をするようなコラボは、YouTube上でも多々見られます。そういう大それたコラボが続くと、視聴者は「面白くない」と感じてしまいます。

本質を見失ってはいけないということ。視聴者は目を引くサムネが見たいわけでも、大物 YouTuber とのコラボが見たいわけでもない。「面白い動画」が見たいのです。**エンターテインメントの本質は「面白さ」だから。**

料理でいえば、「味」にあたる部分ですね。店の看板や、外装、内装を凝ることはもちろん大切。外観が映えていれば、初めてのお客さんはたくさん入ってくれるでしょう。他店とコラボすれば、相手方のファンも食べに来てくれるでしょう。

でも、料理がまずかったら二度と来ない。お客さんが外食で一番求めているのは、美味しい料理なのです。

YouTube の本質は「面白さ」だと言いましたが、僕のコントでいう「面白い」の構成要素はこの6つです。

①予想外の展開
②ボケとツッコミの質
③セリフのわかりやすさ
④キャラクターの魅力
⑤演技力
⑥頭の中を思い通りに具現化できる編集力

この総合点が高ければ高いほど、視聴者は「面白い！」と感じるようになると思っています。つまり、**これらのスキルを磨き続けることが、視聴者の満足度を高めることになり、集客につながると考えます**。

サムネやタイトルは、それを磨き上げたうえでこだわるポイントです。

僕は今までコントで一度もコラボをしてませんが、ありがたいことに、今でも再生数、登録者数が右肩上がりを続けています。

それは、僕が**「視聴者が自分に何を一番求めているのか」「そのために、自分は何の**

スキルを磨いていけばいいのか」を理解し、短期的な数字ではなく、長期的に「本質」のスキルを磨くことを続けているから、だと分析しています。

本質を見失ってはいけないのは、どの業界でも同じことのはず。小手先のテクニックは二の次でいい。結果の９割は本質で決まるのだから。

僕は圧倒的一人派

何か仕事をするとき、一人でやるのか、誰かと協力してやるのか。これはどちらが正解というわけではなく、その人の性格や好みによると思います。飲食店にたとえるなら、自分一人でこだわりの料理を作る個人店をやりたいのか、チェーン店化して、多くの人を雇って規模を大きくして稼ぎたいのか。

僕であれば、圧倒的に前者です。一人ですべてを完結させるほうが楽しいです。実際、コント作りやYouTubeのすべての工程を一人で行ってきました。この10年間の挑戦もすべて一人きりでした。

人数を増やし、規模を拡大し続けて上手くいっている一つの例は、僕もお世話になったドズルさんです。

彼はもともと一人で「クラロワ」のゲーム実況をしていました。やがて、ドズル社という会社を作り、いろいろな専門のスキルを持った人をかき集めました。自分とトークの相性がいいメンバー、台本を作れる人、企画力に特化した人、編集スキルが高い人、営業が得意な人……などなど。

ドズル社という最強チームを作り上げ、「マインクラフト」という日本一人口の多いゲームに進出して、２０２４年11月現在、登録者数は１９１万人。「マイクラ」のグループ系実況者として大成功しました。

個人でやっている僕とはまったく違う戦略です。

自分がどちらの道を選択するか考えるとき、どちらが儲かるか儲からないかを基準にせず、どちらが楽しいかで決めるべきだと思います。つまらないことはモチベーションが上がらない。モチベーションが上がらなければ結果も出ません。

複数人でやるメリットは、効率的に多くの仕事をこなせることでしょう。仕事を分業制にして、それぞれ得意なことだけをやれば、大きな成果につながることもあります。

一方で、一人でやるメリットは「運の要素が少ない」「すべて自分の成長につながる」

などがあるのではないでしょうか。

僕がみなさんにお伝えできるのは、複数人でやっていく方法ではなく、自分一人の力を特化する方法です。

ここからは、一人でやるメリットについて解説します。

●一人は運の要素が少ない

一人ですべてをこなすことの一番のメリットは、不確実性が少ないこと。つまり、運の要素を極限まで排除できます。**スキルさえ身につければ、自分の思い通りにほぼ100％動かすことができるのです**（社会情勢など自分ではどうすることもできない部分はありますが、それを考慮してもわりと自由に動かせるはずです）。


ゲーム実況時代、人に編集をしてもらったことが数回あります。その際、自分の予想を超えていい編集のときもあれば、もっとこうしたほうがいいと思ってしまうこともありました（どちらかといえば後者が多かった）。

これは、編集マンの腕に結果が左右されてしまうということを意味しています。有能であればいい結果が出るし、そうでなければ望んだ結果は出ません。

だから、**もしも誰かと長期的に一緒にやっていくのであれば、パートナー選びはとても重要です**。現段階でどれだけのスキルがあるのか。一緒に上を目指していく情熱を持っているのか。それをたった一度の面接で見抜けるわけがないと僕は思います。

本当に信頼できる、優秀なパートナーと組めれば最高でしょう。

しかし、優秀な人は独立してしまう可能性が高い。たとえ誰かを育成しても、その人が「独立して好きなことをやっていきたい」と言い出せば、それを引き留めることは難しいです。

その人が引き抜きにあってしまう可能性だってあります。できる限り高待遇にしたいと思っても、よほどの友好関係を築けなければ、結局はいい給料や待遇を提示されるほうに行ってしまうでしょう。

●すべて自分の成長につながる

もう一つの大きなメリットは、やったことのすべてを自分の力にできることだと思います。**成功すればすべて自分のおかげ。失敗すればすべて自分の責任。だからこそ、すべてが自分の経験値になります。**

僕は今まで数え切れないほどの失敗をしてきましたが、それがなければ今の自分は間違いなくいません。

脚本も演技も編集も、すべてを一から勉強してスキルを身につけました。

脚本のスキルがあれば、将来アニメや映画の脚本だって書けるかもしれない。

演技のスキルがあれば、俳優になれるかもしれない。

編集のスキルがあれば、動画編集の仕事には困らない。

持っているスキルが多ければ多いほど、作れるものの可能性が広がります。未来の可能性が広がります。

たとえ誰かに仕事を任せるにしても、それを自分ですべてできるに越したことはありません。誰かを育成するにしても、そのスキルを直接教えられたほうが早く成長しますし、その人が独立や引き抜きなどでいなくなってしまっても、自分で完結できれば仕事のクオリティーは落ちません。

一人でやると、頑張れば頑張るほど結果がついてくる。反対に、怠ければ結果はついてこない。運の要素が少ない分、言い訳ができないところが残酷なところかもしれません。

最後にもう一度言います。一人でやるか複数人でやるか、どちらがいい悪いではありません。あくまでも、自分に合っているほうを選択すべきだということです。

グループYouTuberの難しさ

YouTuberにおいて、ソロとグループの比率は同じぐらいです。ソロといっても、裏側にはスタッフがいたり、他のチャンネルとよくコラボをして、結果的に複数人で撮影していたりする人も多く、僕みたいにすべてを一人でやっている人となると、非常に少ないです。

グループで活動するうえで最も難しいところは、足並みをそろえることだと思います。

グループの解散をよく見かけます。理由としては、メンバーの不祥事、人生設計の変化、新しい目標ができた、などでしょうか。

いくら同じグループだとはいえ、メンバーは他人。人間関係などで不祥事を起こすかもしれないし、急にやる気がなくなってしまうかもしれない。他人がずっと期待通りに動き続けてくれる保証はない。かといって、メンバーを支配したり、コントロールしたりするなんてことはできるはずもない。

その点、**ソロは自分さえしっかりしていればいい。動画作りへの情熱を持ち続けて、不祥事を起こさないよう自分が気を付けていればいい**。他人が介入しないから、不確実な要素が少ないです。

ずっと良好な関係を保っているグループは確かに存在します。しかし今後それぞれ人生のステージが変わっていく中で、5年、10年と関係やモチベーションなどを維持し続けるのは、簡単なことではないはずです。

僕はその不確実性が気になってしまい、ソロでやっているというのもあります。よほど人脈作りや組織作りに自信がない限りは、自分一人で完結できたほうが、運の要素は限りなく0にできて、成功する確率が上がると僕は思っています。

あえて流行(はや)りに乗らない

僕は、流行りには乗らないようにしています。流行りに乗ると、長期的に勝ちづらいと思っているから。

「流行」とは、読んで字のごとく流れ行くもの。

例えば、数年前にタピオカが流行りました。その流行りに乗ってタピオカ店は増え続け、多くの街に店が並びました。流行っていた数年間は、どこの店も繁盛したことでしょう。

しかしタピオカブームが終わった途端、流行りに乗っただけのタピオカ店の多くは、赤字で経営しているか潰れたのではないでしょうか。他にはない個性がある店は残り続けているだろうけど、それであればそもそもタピオカでなくても上手くいっていたと思います。

服にも毎年流行りがあります。ハイブランドが発信するだけでなく、人気の芸能人が着ていたからとか、韓国のトレンドが流れてきたからとか、流行る理由はいろいろあります。ただ、結局ファッションの流行も次第に落ち着いていき、流行っていた服の売れ行きは確実に落ちていきます。

YouTubeでも同じ現象が起こります。流行りの企画、流行りの動画構成が何かしら存在し、流行るものは総じて、簡単にまねできるものです。

YouTubeが流行りはじめた当初、コーラにメントスを入れるとコーラが噴き出すという、メントスコーラが流行りました。HIKAKINさんやはじめしゃちょーさんがバズっているのを見て、多くのYouTuberがまねをしました。もうやり尽くされて、今では廃れてしまった定番企画です。

他にも挙げればキリがありません。当たり付きのお菓子を買いまくり、いくら使えば当たりが出るのか、とか、新しく出たコンビニ商品をレビューする、など。

簡単に視聴数が稼げるものは、必ずまねされます。そして、多くの人がまねした結果、その企画は必ず視聴者に飽きられてしまいます。

どの業界でも同じだと思いますが、**簡単に結果が出ることはみんながこぞってやるでしょう。楽に結果を出したいのが人間の心理ですから。**

逆を言うと、どれだけ需要があっても、難しいものは流行りません。特殊な技術が必要だったり、何か膨大な労力がかかったりすることは、みんな面倒でまねしたがらないのです。

コントは作るのが難しい。台本を作る文章力、話の構成力。笑いのツッコミやボケの技術。複数人のキャラクターを違和感なく演技する力。頭の中の想像を具現化する編集力。必要なスキルが多いからまねされないのです。

このように、コントを作るにはいくつものスキルを身につける必要があります。さらに、それらを身につけたとしても、1分の動画を作るのに、台本制作、撮影、編集などで、だいたい10時間以上を要します（僕は平均15時間で、YouTubeショート動画界では日本一時間をかけていると思う）。

僕のコントがヒットして3年が過ぎましたが、いまだに僕と同じようなことをして上手くいっている人を見かけません。

ずっとライバルがいない、一人勝ち状態。

長期的に勝ち続けるには、需要があることをやるのはもちろん、あえて難しいことに挑んだほうがいいと僕は考えています。

面白いの作り方

「ネタが尽きることはないんですか？」

よくそう聞かれます。

僕は今まで500本近くのコントを作ってきましたが、ネタが尽きるという感覚はこれまでまったくありません。

アイデアは無限に作り出すことができる、と僕は思っています。

そもそもアイデアとは、0から生み出すものではなく、今までいろんなものに触れてきた自分の100の中から、1を作り出す作業なのです。

『アイデアとは既存の要素の新しい組み合わせ』

これはジェームズ・W・ヤング氏の『アイデアのつくり方』というベストセラー本に書かれていること。

僕も、これがアイデアの本質だと思います。

僕のコントの代名詞となっているのが「柊さんシリーズ」。これは、女子高生の柊さんに降りかかるおかしなことに対して、ツッコミを入れながら話が進んでいく学園ものコントです。

先にも書いたように、コントはYouTubeの中では異色です。職業としての芸人さんを除けば、他にやっている人は少ないです。

しかし、「コント」はテレビでは大人気のジャンルです。さらに「学園もの」というジャンルも、アニメや漫画では鉄板中の鉄板。

そう、僕がやっていることは、他業界ですでにウケているジャンルを組み合わせたものなのです。

2022年に作った、「勇者ひろゆき」というシリーズも大ヒット作になりました。合計34分の動画ですが、総集編の再生数だけで900万回を超えています。

これは、2ちゃんねる創設者のひろゆきさんのものまねをした通称「ハネゆき」が、異世界に転生させられて、死んだら終わりのデスゲームに巻き込まれるという話。

これも、テレビでおなじみのジャンルの「ものまね」と、アニメで人気の「異世界転生」と「デスゲーム」を組み合わせて作ったものです。

僕の動画はすべて、YouTube動画という枠組みで見ると、オリジナリティー溢れる異色なものかもしれない。

しかし、一つ一つ分解していくと、そのすべては他業界で人気の要素を組み合わせたものなのです。

アイデアは、すでにある要素の新しい組み合わせ。アイデア作りとは、天から降ってくるものではなく、新しく組み合わせる技術。

そう考えるだけで、アイデア作りにおいて遥かに気が楽になります。

いいアイデアは、膨大な量のアイデアの中から拾うもの

僕は、1分コントの台本作りだけで平均5時間を使います。調子がよければ30分で完成することもあるし、ダメなときは10時間やっても考えつかないこともあります。今まで500本以上のコントを作ってきましたが、残念なことに、いまだに毎回サクサク作れるわけではありません。

考えてみると、ネタはリラックスしているときに思いつくことが多いです。散歩しているとき、シャワーを浴びているとき、サウナに入っているときなど、台本を作ろうとデスクの前に座っているとき以外の時間です。

閃くのに大切なのは、常に作りたいもののイメージを頭の片隅に置いておくことだと思います。何気なく過ごしている時間の中にも、ヒントになるものは必ずあります。そ

れを意識することで、いいアイデアが閃く確率は飛躍的に上がると思っています。

「いいアイデアは、膨大な量のアイデアから拾うもの」

僕はそう思っています。簡単に言えば「数撃ちゃ当たる」。

僕は閃きの天才ではありません。むしろ閃き力は一般的だと思います。ただ、他の人の何十倍、何百倍の量のアイデアを出している自信はあります。それがいいアイデアであることは少ないですが。


じっくりとアイデア出しをするときは、スマホのメモ帳に書き出しています。どんなにしょうもないアイデアでもいいから、思いついたものをひたすら書きます。

例えば、体育の跳び箱をテーマにしたコントを作りたいとしましょう。

まずは、跳び箱で思いつくものをひたすら書き出します。誰もが思いつきそうなものでもいいし、ありえないものでもいい。とにかくコントのヒントになるようなものを思いつくままに書き出すのです。

跳び箱。面白い跳び方。回転しながら跳ぶ。小さすぎて簡単な跳び箱。透明な跳び箱。空飛ぶ跳び箱。跳び箱の代わりにモンスター。ヘリコプターで飛び越える。背中にジェットをつけて飛び越える。柔らかすぎる豆腐のような跳び箱。ＥＴＣのように自動で開く跳び箱……などなど。

チャットＧＰＴなどのＡＩにアイデア出しをしてもらうことも多いです。

「跳び箱に関連するもの１００個教えて」

そう言えば、一瞬にしてアイデアの種となるものを出してくれます。

どんな方法でもいいから、膨大な量のアイデアをひたすら書き出して、その中からいいものだけを残していく。山を掘りまくり、膨大な砂の中から金の粒を見つけるような作業です。

まずは常識も固定観念もすべてとっぱらい、「面白ければなんでもありだ」ぐらいに思って、どんなにしょうもないものでも書き出すのがコツです。残すか捨てるか決めるのは、アイデアを出し切った後でいい。

最初のうちは紙やスマホのメモ帳など、形に残すのがいいと思います。慣れてくると頭の中だけでアイデアを出し、精査して、残すか捨てるかの判断ができるようになるはずです。

捨てる勇気

僕がコントで採用するアイデアは、自分の中で80点以上のものだけと決めています。出したアイデアが80点以上である確率は、感覚的に5％以下。つまり、95％以上のアイデアは捨てていることになります。その出した5％のアイデア同士をつなぎ合わせたり、そこから話を広げたりしてコントの台本を作るイメージです。

捨てる勇気を持たないと、面白いものは作れません。**根気よくアイデアを出して、勇気を持って捨て続ける**。それを面白いアイデアが出るまでやり続ける。

しかし、作り手の心理として、**長い時間をかけて考えたものは、捨てづらいのではないでしょうか**。その案に思い入れができてしまうし、冷静に考えたらつまらないと思っても、長い時間をかけたのだからいいものに違いないと、信じたくなるものです。

そういうときでも、僕はシンプルに考えます。**視聴者からしてみれば、どれだけ時間をかけて作ったかなど、どうでもいいこと。**「面白い」か「つまらない」か、どちらかでしかありません。

だから、面白ければ残す。つまらなければ捨てる。

何度テコ入れしても腑（ふ）に落ちないときは、そもそもの入り口が間違っていることが多いです。

僕はたとえ10時間トンネルを掘り進めた後でも、入り口が間違っているとわかったら、引き返して新しく一からトンネルを掘ります。つらい決断にはなりますが、これをやらないといい作品は作れないと思っています。

プロゲーマー時代にも生きたアイデア力

僕は「クラロワ」というゲームのプロゲーマー時代に、革新的な戦術をいくつも考えてきました。

自分で言うのもなんですが、今までの「クラロワ」の常識を何度も覆して、多くの戦術の基礎を作っていました。多くのプロたちも僕の戦術をよくまねして、世界大会でも何度も使われました。「クラロワ」界で、世界一多くの革新的な戦術を生み出してきた自負があります。

そんな革新的な戦術をどうやって考えたかというと、それもやはり「数撃ちゃ当たる」なのです。

何回もさまざまな新しい戦術を試して、失敗して、試して、失敗して、失敗して……。何十回、何百回と試行錯誤をしたからこそ、誰もが驚く戦術を作り出せたのだと思っています。

つまり、生み出したアイデアの90％以上はゴミクズなんです。それでも、稀（まれ）に素晴らしいアイデアが生まれます。**アイデアは数の勝負なのです**。

芸術家・ピカソには有名作品が数十点ありますが、ピカソの生涯の作品数は14万７８００点だそうです。

その中のごく一部の数十点しか評価されていないという事実。ですが、世間的には、数十点も評価されたすごい芸術家と映るでしょう。

言い方はあれですが、あの有名なピカソといえども、誰からも評価されていない作品がほとんどなのです。

人間の脳のスペックなんて、大した差はありません。アイデア作りで他の人との差が出る部分は、考え出した数なのではないでしょうか。

最初の視聴者は自分自身

僕はコント作りのとき、自分が面白いと思わないアイデアは必ずボツにしています。自分自身が笑えるものしか残していません。

当たり前のことかもしれないですが、これは一番大事なこと。ラーメン店の大将で、自分のラーメンをまずいと思って客に提供している人はいないですよね。ラーメン店をやっている人は、自分のラーメンを最高に美味しいと思っていて、自分のラーメンの大ファンのはずです。

ときどき、自分の作ったコントが面白いのか面白くないのか、わからなくなるときがあります。「自分はつまらないと思うけど、中高生なら面白いと思ってくれるかな」という考えが浮かぶこともあります。

しかしそんなとき、僕は「それは甘えだ」と自分に言い聞かせるようにしています。

本当に面白いアイデアは、迷う余地がなく面白い。そこに迷いや腑に落ちない何かが生じている時点で、面白くない要素があるということ。

だからこそ、勇気を持って捨てる。もしくはテコ入れをする。それを腑に落ちるまで繰り返す。何回テコ入れをしてもダメなときは、その台本すべてをボツにする。

自分は良くないと思うけど、きっと誰かは喜んでくれるだろうというのは、甘さ以外の何物でもないと思います。

今まで数え切れないほどのアイデアを捨ててきたからこそ、僕は作ってきたコントすべてが大好きです。自分の子どものように愛しているし、最高に面白いと思っています。台本を作るときだって、部屋で一人、爆笑しながら作っています。

自分のコントの最初の視聴者は、自分自身。自分自身を笑わせられなければ、到底、他の誰かを笑わせることなんてできるはずがありません。

客観力を身につける

「自分が満足しても、他の誰も喜んでくれない自己満足なものだったらダメなのでは？」

前項を読んだ方の中には、こういう疑問を抱く人もいるかもしれませんが、それはまったくその通りです。

第1章で触れた通り、僕は20歳のころ、ライトノベル作家を目指していました。学童保育でアルバイトをしながら、最高に面白い小説を書き上げました。

「これなら絶対に新人賞大賞に間違いない！」

そう確信するほどの渾身の作品でしたが、結果は一次選考落ちでした。さすがに悔しくて泣きました。

後に、僕はずっと独りよがりな小説を書いていたのだと気づきます。自分が面白いと思っても、読者がつまらないと思ったら意味がない。

エンタメの成功は、どれだけ売れたか、いかに多くの人に面白いと思ってもらうか。

だからもう、自己満足は卒業しようと決意しました。

それから僕は、アニメや漫画、小説など、自分が極めようとする分野を正しく評論できるようになろうと思って勉強を始めました。正しく評論できるようになれば、自分の出したアイデアがいいものなのか悪いものなのか、判断できるようになると思ったから。

まず、ライトノベルの面白さに必要なものは、次の５つです。

①キャラクター
②ストーリー
③設定
④文章力
⑤オリジナリティー

僕はアニメなどを見た後、自分なりの感想をこの5つの項目に分けてメモ帳に書きました。そして、その作品のレビューサイトを隅から隅まで見て、世間の感想と自分の感想を比較しました。

さらに、過去に自分が面白いと思った作品に関しても、すべて同じことをしてみると、自分と世間の感想がかけ離れていることに気づきました。

しかし、それを1カ月、半年、1年と続けていくうちに、自分の感想が世間の感想とどんどん一致してきたのです。

「人気のあるキャラクターは愛嬌があるよな」
「魅力的な物語って、ジェットコースターのような浮き沈みがあるよな」
「最高の文章って、結局わかりやすい文章だよな」
「子どもでもわかるような文章を極めるには、児童書を読んでみよう」

評論スキルを高めていくうちに、何を作れば多くの人にウケるのかがわかるようになり、それと同時に、作品を作るために必要なスキルも知ることができました。

何をすれば上手くいくのかが具体的に見えてきて、運や才能に頼ることなく、確実に自分を高めていく方法が明確化していきました。

おかげで、3年で最終選考に残るほどの小説も作ることができました。

24歳でプロゲーマーになったので、ライトノベル作家になることは一旦後回しにしましたが、この評論スキルは、ゲーム実況者になるときもコントチャンネルを始めるときも役に立ったのは間違いありません。

「面白い」のか「つまらない」のか。

自分で正しい判断ができるようになれば、それは間違いなく最強の武器になります。

一番の近道はまねすること

新しいことを始めるとき、何から手を付けたらいいのかわからないというのは、よくあることでしょう。

そんなとき、一番手軽でスキルが大幅に向上するのは、成功している人のまねをすることです。カレー店を開きたいなら、大ヒットしているカレーを同じレシピでコピーしまくるのがいいし、写真家になりたいなら、プロの写真と同じような構図の写真を撮るのがいい。

僕も最初は、まねから入りました。

もともとお笑いが大好きで、その中でも一番好きなコント師はサンドウィッチマンです。サンドウィッチマンは僕だけが一番面白いと思っているわけではなく、世間的な評価も高いです。現在のサンドウィッチマンのコント動画の平均再生数は３０００万回ほど。芸人界の中では遥か上位の数字です。

この面白さを叩き出せれば、最高で3000万再生の可能性がある。

そう思った僕は、サンドウィッチマンのコントDVDを全部買い、何十回と繰り返し見ました。それからセリフをすべて文字に起こして、自分一人でもボケとツッコミができるようになるまでまねしました。テンポや間合いまですべてを完コピできるほどに。

まねをすれば、プロの技が自然と身につくものです。面白い台本の書き方、ボケの表情や声の出し方、ツッコミの間に至るまで、最速で身につけることができると思います。

さらに、他の芸人さんの人気コントも数えきれないほど見ました。ギャグ漫画、ギャグアニメで大ヒットしている作品も見まくりました。それらがなぜ売れているのか分析して、自分の中に取り込んでいきました。

僕のコントの土台は、紛れもなくサンドウィッチマン。

でも、今はその面影はほとんど残っていないと思います。僕のコントを見ても、サンドウィッチマンっぽいと思う人はごくわずかでしょう。

それは、数多くの面白いものを見て、取り込んで、その小さなかけらが集まって、自分オリジナルのコントへと変わっていったから。

人間、自分一人で0からすべてを生み出すことは不可能だと思います。**何かに触れて、影響を受けて、その要素の集合体が自分の作品になる。**

だからこそ、最初はまねから入ることが一番の近道だと僕は思います。

企業案件は受けない

今まで、僕のところには数百件の企業案件が来ました。企業案件とは、「YouTube でこの商品を紹介してください！」とPR依頼されることを言います。

僕はチャンネル登録者数が１００万人を超えていて、平均再生数も高いので、１本１００万円以上の額を提示されることも多いです。

僕には、時給７５０円で働いていた昔の感覚がいまだに残っています。そんな僕にとって、１００万円はバイトでは簡単に稼げないほどの桁違いの金額。

だけど、僕は企業案件を断り続けています。理由はシンプルで、面白くなくなってしまうから。

もちろん、商品紹介をしながら面白い企画をやることも可能です。だけどそれは簡単なことではありません。

ほとんどのYouTuberの企業案件動画は、いつもよりつまらないものが大半なのが現実。商品をいいものだと強調するために、嘘が混じることがあります。そうすると、後ろめたさが入ります。視聴者には、そのなんとなくの後ろめたさは伝わります。

そういう案件動画が1、2回だったらいいのですが、何回も続くと、いつしか視聴者の信用を失ってしまいます。

「俺が見たいのは、あなたの個性的な面白い動画なんだよ。商品紹介なんて見たくないよ」

「いつもめっちゃいいってオススメしてるけど、本当かな？」

小さな不満が募っていくと、視聴者は萎えていき、ファンをやめてしまう人も出てくるでしょう。実際、目先のお金を考えてPR動画ばかり出し、再生回数がどんどん減っていくYouTuberも少なくありません。

企業案件をたくさん受ける↓視聴者の信用を失う↓再生回数が減る↓広告収入が減る↓生活が苦しくなる↓企業案件を受ける↓視聴者の信用をさらに失う↓以下ループ。

このような負のループに入ってしまうと、再生数がどんどん落ちていき、いわゆるオワコンになってしまいます。

YouTubeの動画を開いたとき、「この動画はプロモーションを含みます」という表記を見ただけで、萎えてしまう人も多いと聞きます。僕にもその気持ちがわかります。

その人の大ファンだったら、案件動画でも喜んで見る人も多いと思います。だけど多くの人は「あまり見たくない」が本音としてあるのではないでしょうか。

知名度が上がるほど、金銭的にいい条件の仕事依頼が増えます。だけど僕は、目先の利益には飛びつかない。

考え方はいつだってシンプルです。

視聴者は面白い動画が観たい。

だから僕は、何にも左右されずに面白い動画を作り続けます。

お金は後からついてくる

生活をするうえで、もちろんお金は大切です。お金がなければ、自分のやりたい活動ができなくなってしまいます。お金がないという不安があると、仕事に集中できず、いいアイデアも浮かばなくなってしまいます。

だからと言って、先ほど書いた通り、目先の利益に飛びついてはいけません。

ではどうやったら一番お金を稼げるのか。これは結局、信用してもらうこと、だと僕は思っています。

信用＝ブランドとも言い換えられます。

ファッション業界なら、ユニクロは安くて質がいいことで有名です。僕も服や下着に困ったらとりあえずユニクロに行きます。どの商品も安くて質がいい。長年満足いくものを提供してくれています。期待を裏切られたことはほとんどありません。信用しているからこそ、僕は毎回ユニクロで買うのです。


だけどもし仮に、ユニクロでハズレの服を買ってしまったらどうでしょう。

「まだ1カ月しか着てないのに穴が開いちゃったよ」

そんなことがあれば、ユニクロで服を買うことをためらうようになるかもしれません。

それが2回、3回と続けば、間違いなく他で買うようになるでしょう。

たとえ長年愛用していたとしてもきっとそうなる。信用は積み上げるのは大変ですが、崩れるのは一瞬なのです。


僕は普段の動画作りでも、信用を第一に考えています。毎回面白い動画になるように心がけ、**すべてを神回にするつもりで作っています**。ハズレ回を絶対に作らないのが、僕の鉄則です。納得いかない内容ならテコ入れする。それでもダメならボツにする。それは信用し続けてもらうために徹底しています。

その甲斐(かい)があってか、再生回数は今でも通常動画で50万回以上。ショートも800万回を取り続けていて、結果として長期的に広告収入は安定しています。

そして自分のグッズ、ＬＩＮＥスタンプなどの売り上げも安定して高いです。グッズもスタンプも自分でこだわり抜いて作っていて、最高にいいものだと思っているからこそ、宣伝するときに熱がこもります。

普段企業案件を受けていないからこそ、本音で視聴者と向き合っているからこそ、自分が本当に売りたいものを宣伝したときに買ってもらえるのだと思います。

これも結果として、大きな収入源になっています。YouTube の広告収入がないとしても生活できるぐらいに、稼ぐことができています。

それは、普段から信用を積み重ねている結果だと思っています。お金を稼ぐにしても、一番大切なのは信用なのです。

第3章

正しい努力と戦略

基本を学ぶ

第1章で触れたように、僕はかつて、プロのシンガーソングライターを目指して果てしなく努力したけど、その夢は叶いませんでした。小説家を目指したときも、膨大な労力を注ぎ込んでも最初はまったく結果が出ませんでした。

両方に共通していたのは、**努力の仕方が根本的に間違っていたこと。基本を勉強していなかったために、自分が正しい努力をしているのか、どれだけ目的地に近づいているのか、その真っただ中の僕自身がわかっていませんでした。**

それはGPSやコンパスを持たずに一人大海原に漕ぎ出すのと同じこと。あたりは一面海。自分の現在地がわからない。目的地はあるけど、その方向に進んでいるのかもわからない。だけどひたすら船を漕ぐ。必死に。力ずくで。ろくに船の漕ぎ方も学ばず、我流でムダに力を入れていたので、すぐに疲れてしまう。嵐に巻き込まれたときの対処法も知らない。

僕はひたすら無知でした。ただ夢に向かってがむしゃらに努力すれば、いつかそこにたどり着けると信じ込んでいました。

やがて僕は力尽き、転覆したのです。

努力の仕方を間違えるとは、そういうことです。がむしゃらに船を漕ぎ続けても、決して目的地へはたどり着けない。

僕はシンガーソングライターを目指すにあたって、ボイトレ、声の出し方、ビブラートやしゃくりなど、さまざまな基本を何も学んでいませんでした。

もちろん、そんなことを学ばなくても歌が上手い人はいます（一握りですが）。

初期ステータスが高い人。彼らは「飲み込みが早い」とか「才能がある」などと言われたりするでしょう。僕の小学生時代の野球がまさにそれでした。

でも、**たとえ初期ステータスが低かったとしても、基本を学び、正しい努力さえすれば、必ず一定のラインまではたどり着けるはずなんです**。それを完全に独学で一定のラインまで行こうとすると、大抵ものすごく遠回りをするか、たどり着けないかのどちらかになってしまいます。

基本とは、先人の知恵の集合体です。今までその分野で結果を出してきた人たちが編み出した「最強戦術」なのです。

だからこそ、基本を学び忠実に実践するほうが目的地に早くたどり着けるので、基本は信頼できる人の元で学ぶのが一番です。簡単なのはその人が書いた本を読むことでしょう。人間が一生かけて培うスキルを、たった数冊の本を読むことで学べるなら、圧倒的に効率的ですから。

世の中のほとんどの人が、過去の僕と同じように、正しい努力の仕方を知らなかったり、基本を学んでいなかったりするように思います。だから、基本を学ぶという正しい努力をするだけで、その分野の上位10%には入れるのではないでしょうか。

そこにオリジナリティーや戦略などは必要ありません。**個性が必要になるのは、その上位10%に入ってからの話。**そこでさらに勝ち上がる方法については、第2章で述べてきた通りです。

ゲームでもスポーツでも、必ず基本があります。野球であれば、ボールの投げ方、バットの振り方、というように。

僕は、オリジナルの戦術を作ってプロゲーマーになりました。当時「クラロワ」のプロは100人以上いました。その中でもオリジナル戦術のみを使うプロは僕だけでした。なので、プロの中で一番個性的だったと思います。

それでも最初は基本を学んでいました。すでにある強い戦術の知識をすべて頭に叩き込みました。そういう基本をすべて学んだうえで、やっと自分の個性を出せるようになるのです。

プロゲーマーになった後、まったく違うジャンルのコントでYouTuberとなりましたが、そこでも最初は基本を学んでいました。売れている芸人さんのコントの勉強、プロの役者の演技の研究、流行っているYouTuberの編集……。そういった基本の型を勉強し尽くしたうえで、型破りなことを始めました。

型破りは、先人の知恵をすべて理解しないとできないと思います。型を知らずに型を破ろうとしても、ただのカタナシになってしまうでしょう。

失敗ときちんと向き合う

僕はプロゲーマーを目指しているとき、試合で負けるたびに何が悪かったのか反省をしていました。

「前半に攻めすぎたのがダメだった。次はもっと慎重にいこう」

「環境的に今の戦術ではダメだ。新しい作戦を取り入れよう」

「今日は反射速度が鈍かった。これは昨日の睡眠時間が7時間だったからだ。今日は8時間寝よう」

その反省の繰り返しで成長していき、僕はプロゲーマーになることができました。

どんなに強いプロゲーマーでも必ず、途方もないほどの負けを経験しています。僕もプロゲーマーになるまでに、何万回と負けました（プロゲーマーになって連敗続きだったのは誤算でしたが……）。

僕は負けのすべてを反省して、力に変えてきました。**あらゆるパターンの負けを知る**

からこそ、勝ち筋がわかり、ゲームは強くなれるのです。

YouTubeを始めてからも、すぐに再生数が伸びたわけではありません。

当初、僕はアニメショップを舞台にしたコントを作っていましたが、自信を持って生み出したのにもかかわらず、再生数は伸びませんでした。

詳しくは後述しますが、問題点を改善し、長編をやめてショート動画に限定して作りはじめると、あっという間に30万再生を叩き出すことができました。

これらは、ゲームやYouTubeの世界だけではありません。勉強、スポーツ、仕事……何事も失敗や負けを経験するからこそ、成長できるはずです。

「失敗は成功の基」という言葉がありますが、失敗を反省せずに放置していたら、成功の基にはなりません。失敗は反省して初めて、成功の基になるのです。

僕はその反省を繰り返してきたから、一歩ずつ階段を上ることができたのだと思っています。

需要と供給

趣味であれば、勝つ必要はありません。ただ自分が楽しいようにやればいいだけです。ですが、仕事にしてお金を稼ぐというのであれば、他の人に勝つ必要があります。
何かを仕事にするということは、必ず競争が生まれます。会社に属していようと、個人で会社を経営していようと、他の人より優れていればいるほど、より多くのお金がもらえます。

戦いは、ライバルが多ければ多いほど勝つことが大変です。

例えば、学校の勉強で日本一を目指すのは修羅の道です。同年代の何十万人のライバルがいるからです。
では仮に、泥団子作り職人で日本一をとるのはどうでしょうか。

泥団子であれば、作る人は公園で遊んでいる幼い子どもぐらいです。1年間、毎日本気で泥団子について勉強して、研究して作り続ければ、日本一になれる可能性は高いでしょう。ライバルが少ないからです（何をもって「日本一」と言えるのかは定かではありませんが……）。

しかし、泥団子職人でお金を得ることは難しい。泥団子を欲しいと思う人は、世界中探してもほぼいません。

たくさんのお金を得るには、たくさんの人に求められて、まだ多くの人がやっていないことが理想です。

つまりは需要があり、供給が少ないもの。

需要と供給は、あらゆるビジネスにおいて一番大事なことです。

あえて難しいことをする

YouTuberは、小学生のなりたい職業ランキング1位になったこともあるくらい、大人気の職業です。YouTubeは視聴者が多い分、動画も無限に溢れています（再生数が100回にも満たない動画は山ほどあります）。

そして、YouTuberといってもジャンルはさまざま。料理、釣り、キャンプ、野球、教育……などなど、数えきれないほどのジャンルが存在します。

そういった中から僕が選んだのはコントでした。その理由のうちの二つが「コントには需要があったから」「コントYouTuberが極端に少なかったから」です。

前述の通り、お笑い芸人のサンドウィッチマンは、YouTubeで平均3000万再生を記録しています。これを見ると、コントに需要があることは一目瞭然です。

しかし、芸人さん以外のYouTuberでコントをやっている人はあまり見かけません。芸人さんですら、YouTubeに流れるコント動画は劇場やライブなどの映像で、YouTubeのためにわざわざコントを作ったりはしないでしょう。

YouTube上にコント動画が少ない理由は、コントを作ること自体のハードルが高いからだと思います。

コント動画を1本作るには、当然ですが、台本を書き、演技をし、撮影したものを編集する過程があります。これには、笑いのスキル、ストーリーを作るスキル、文章力、演技力、編集するスキルなど、多くの技術や能力が必要になります。

これらを全部一人でやろうと考える人は、果たしてどれくらいいるのか？

台本を書く、演技をする、撮影と編集……個々で見ると、得意だという人はそれなりにいるかもしれません。ですが、それぞれ得意な人が集まって、「チームでコント動画を作ろう！」という流れには、なかなかならないと思います。

おそらく、笑いのスキルが高い人は芸人さんを目指すでしょうし、たとえ芸人さんになったとしても、効率だけで考えれば、YouTube向けに作ったコント動画を出すよりも、テレビ番組に出るほうが儲かるのではないでしょうか。

それに、3分のコント動画を作るには、一般的に合計15時間以上はかかります。3分動画では、広告収入も少ないです。たくさんの人数で、3分のために動画を作っても、割に合わないことがほとんどでしょう。

すなわち、「コントYouTuberになろう！」という人がそもそも存在しにくく、始めてからも新作動画を作り続けるのは非常に手間がかかるのです。

面白いコントには需要がある一方で、YouTubeとしての供給は少ない。供給が少ない理由は、作ることが非常に難しいうえに、割に合わないからです。

その点、僕には4年間小説家を目指した経験がありますし、ゲーム実況時代にも2年間、冒頭のつかみのコントを作っていました。

おかげで、話を作ること、キャラクターを作ること、文章を書くこと、演技をすること、そのすべてが好きで、得意でした。０から勉強する必要はなく、すでに積み重ねたスキルがありました。

人を雇わず一人で完結できます。経費でかかるのは衣装代ぐらい。割に合わないなんてこともありません。

それに、そもそも僕は人と違うことをするのが好きです。そうなると、**簡単なものはみんながすでにやってしまっているから、結果的に難しい挑戦をすることになります。**その性格も幸いでした。

それらの理由で、ハードルが高くても僕は結果を残すことができました。

何かで勝ちたければ、難しいジャンルを選ぶというのは、入り口として大事なことだと考えています。

戦う場所を選ぶ

自分が平凡だと思っているスキルでも、場所を変えれば必ず光り輝きます。

前述の通り、僕はかつて小説家を目指していました。キャラクターを作ったり、物語を考えたり、笑いを作ったりすることは、小説家を目指している人にとってはやって当然のことでした。

でも、YouTuberでそれらをやったことがある人は、おそらくほとんどいません。僕みたいに4年間小説と向き合って、文章を書き続けた人と限定すると他にまったくいないと言ってもいいと思います。

だからこそ、そのスキルが光り輝きました。**小説家を目指す集団の中ではみんなが持っている平凡なスキルでも、プロの小説家になれなかった自分のスキルでも、戦いの場がYouTubeに移った途端、斬新で特別なスキルに変わったのです。**

これは、どんなスキルでも一緒です。

僕は伊豆の田舎に住んでいて、近所にはおじいちゃんやおばあちゃんしかいません。スマホを持っていない人だっていますし、パソコンなんて触ったことがない人ばかり。

以前、近所のおじいちゃんにこんな頼みごとをされました。

「新しくパソコンを買ったんだけど、インターネットに接続できなくて……。ハネハネくん、できる?」

僕は3分ほどで接続してあげました。実に簡単な作業です。ついでにYouTubeの見方やお気に入り機能のことまで教えてあげました。

「すごいね！　やっぱり今の若い人はパソコンに詳しいね！」

おじいちゃんはめちゃくちゃ感心してくれました。ついでにお昼をごちそうしてくれました。

インターネットへの接続——若いころからパソコンに触れてきた人にとっては当たり前のように経験することですが、田舎のお年寄りにとっては特別なスキルなのです。

この延長線で考えると、それさえも仕事にできるかもしれません。

田舎にはホームページがない個人の飲食店がたくさんあります。おそらく、作りたくても作れない人も一定数いるのではないでしょうか。パソコンやインターネットについてわからないからです。

でも、パソコンに慣れ親しんでいる人であれば、ホームページを作ることは簡単でしょう。今ではYouTubeやGoogleで検索すれば、すぐにやり方も学べるはずです。

寿司職人の例も挙げてみます。

日本の寿司職人の平均年収は400万円台半ばだそうです。だいたい日本の平均年収ぐらいです。対してニューヨークの寿司職人は、見習いレベルでも年収1000万円に届くそうです。

日本よりニューヨークの寿司職人のほうがスキルが高いから、収入の差が生まれたのでしょうか？

違います。場所を変えたから価値が上がったのです。ニューヨークだと、日本人の寿司職人の価値が高いのです。

海外ではそもそも寿司店が少ない。でも、お寿司を求めている人が増えています。

そして外国人は、本場の日本人が握っているお寿司を食べたいのです。需要があり、供給が少ない。だからこそ、海外にいる寿司職人は特別な存在なのです。それが日本人であるならなおさら光り輝く存在になるのです。

あなたの得意は何でしょうか？

絵を描く、英語が得意、けん玉ができる、ゲームが上手い、魚について詳しい……、どんなことでもいいいんです。

スキルを磨き上げることももちろん重要です。何を仕事にするにしても、ある程度のスキルは必要です。しかしそれと同じぐらい、どこで勝負するのかも大事なことなのです。

大掛かりな準備のリスク

ここまで書いてきた戦略は、多少なりとも成功する確率を上げてくれるでしょう。ですが、どれだけいい戦略を立てても、上手くいくかどうかは実際にやってみないとわかりません。立てた戦略自体が間違っていたり、行動してみたら何か違ったり、時代の流れによって勝てる戦略が変化してしまったりすることもあります。

僕は3年前、コントチャンネルを開設する前に、ある戦略を立てました。
「普通にコントをやっても面白くない。何か奇抜な設定があればバズるに違いない！僕はアニメが大好きだから、アニメショップが舞台のオタク向けのコントを作ろう！」
僕はそう決めて、6畳の部屋に、その舞台となるアニメショップのセットを作ることにしました。

美少女フィギュア、萌えイラストのライトノベルやポスターをとにかく買い込みました。フィギュアやポスターの配置、照明器具やカメラなど、細かいところにもこだわりました。

制作期間は約3カ月。費用は総額100万円。それでも、僕は作りたいコントのためなら惜しいとは思いませんでした。

「絶対に失敗したくない！」

ずっとその一心で、準備をしました。

そうして、僕は満を持して「とあるアニメショップ店員の日常」というチャンネル名でYouTubeをスタートしました。

しかし、そこから3カ月ほど頑張りましたが、結果は上手くいきませんでした。毎回1万再生前後（今も動画が残っているので見ることができます）。

確かにアニメショップの背景は、ある程度人を引き付けることはできました。しかし、舞台が毎回アニメショップのため、物語に広がりを作れず、話の展開がワンパターンになってしまいました。

見てくれる人も、ゲーム実況のころからのファンばかり。新規のファンはほとんどいませんでした。

これでは長続きはできない。

バズることもない。

僕は、アニメショップの設定を捨てて、万人受けする学園もののコントに切り替えました。

背景も、グリーンバックに切り替えました。グリーンバックなら、後付けで背景をどうにでも変えることができます。舞台を教室にだってできるし、砂漠にだって、ジャングルにだって、画像一枚でどんなシチュエーションにもすることができる。それも無料に近いコストで。

グリーンバックは、僕にとっての〝どこでもドア〟でした。

これは、アニメショップでの失敗を反省して次に活かした結果、上手くいったことです。

今思えば、もっと効率のいい方法はあったと思います。そもそもアニメショップのネタがウケるのかどうかを、まずは小さく試していたら、100万円というお金も半年間という時間も必要なかったはずです。

何かの挑戦をするとき、「小さく試す」を繰り返すのが最強だと、僕は思っています。それは、たくさんの方法に挑戦できるから。

準備が大掛かりであればあるほど、挑戦できる回数は減ります。そして失敗したときのダメージも大きいです。

第2章の「捨てる勇気」でも書きましたが、長い時間をかけて作ったものは、捨てるのに勇気が要ります。もちろん、高額の費用を投じたものもそういう傾向があるでしょう。捨てるものがあまりに大きいと、それは次の新たな挑戦の足かせになる可能性があります。

僕の失ったものは、100万円と約半年の時間だけで済みましたが、これが何千万円もかけていたものだったら……、3年がかりで準備したものだったら……。僕は新たに挑戦できなくなるほどに打ちのめされていたかもしれません。

挑戦にリスクはつきものです。リスクを恐れていては、挑戦はできません。ですが、リスクは、小さければ小さいほどいいと思っています。あまりにも大きな失敗をして、立ち直れなくなってしまっては本末転倒だからです。

小さく試して「これは手ごたえがあった！」と感じれば、それを続けて、少しずつ規模を大きくしていけばいい。勝てる見込みがないと感じたら、早い段階で損切りをして新たに挑戦したほうが、勝率も上がるしメンタル的にもいいでしょう。

入り口を間違えない

前項からの続きにもなりますが、僕はコントYouTubeを始めたとき、入り口を間違ってしまっていました。

今でこそ、アニメショップのコントは、自分は面白いと思っていますし、どんな人でも、見たら満足してもらえる仕上がりにはなっていると思います（事実、3年たった今では100万再生を超えるものもあります）。

ですが、僕はYouTubeのシステムと世の中の傾向をわかっていませんでした。

YouTubeには、「通常動画」と「ショート動画」の二つがあります。

通常動画は、横向きの1分以上の動画。普段みなさんがよく見ている動画です。トップ画面には登録しているYouTuberの新作動画や、自分がよく見ている動画の傾向に沿っておすすめの動画が表示されるはずです。

一方、ショート動画は縦向きで見られる1分以内の動画で、ランダムにおすすめ動画が表示されるので、動画を見終わってスワイプすると、まったく知らない人の動画が流れたりします。TikTokと同じシステムですね。

ショート動画はいいね率が高いほどより多くの人に流れ、再生維持率が高いです。僕を知らない人やコントに興味のない人にも、僕の動画が届く可能性が高いということです。

面白ければ面白いほど、多くの再生数がとれます。そして、知名度はほとんど関係ありません。その動画が面白かったかどうかがすべてです。

つまり、知名度がないうちはクオリティーの高いショート動画を出したほうが圧倒的に数字が伸びるということです。

駆け出しのころ、通常の動画をいくら作っても、どれだけ面白いものをアップしたとしても、僕の動画の再生数は1万回程度でした。それは、僕の認知度が低かったのと、人の目にとまりにくい場所で戦っていたから。

僕はまず、認知度を上げ、再生数や登録者数を増やすことを目的に始めなければならなかったのに、そのいずれもすぐに上がりにくい長々とした動画ばかり作っていたのです。

それに気づいてから、僕はショート動画に挑戦しました。

そして、前述の通り、扱っている題材がニッチだったので、より大衆ウケするような題材に変えました。

この二つが成功をもたらしました。

そもそもの入り口が間違っていると、その先でいくら軌道修正をしてもなかなかゴールにはたどり着けません。多くの時間やお金を費やして、道の奥のほうまで進んでしまうと、戻ってやり直すことに戸惑いもあります。

それでも入り口まで戻るのです。どんなにお金や時間を費やしていても。

目的地に到達するための入り口は一つとは限りませんが、**途中から横道に入るよりも、入り口まで戻ったほうが結果的に早くゴールにたどり着ける場合は多いと思います。**

「入り口を間違えない」と書きましたが、何度間違ったっていい。でも、**正しい道に戻るためには、入り口を見直すことが必要なのです。**

膨大なトライ&エラーが正解を導く

前述の通り、「小さく試す」を繰り返すことで、自分の求める〝正解〟に近づくのは言うまでもないですよね。

それこそ、僕のコントに出てくるキャラクターの衣装や小道具は、数え切れないほど購入しました。

ネットで見て、いいかもしれないと思って買ってみても、実際に身につけてみるとイメージが違ったりします（さすがにレディースの洋服やかつらを店頭では試着しないので、必然的にネット購入になります）。それに、「なんとなくいいような気もするけど、もっと合うものがあるかもしれない」という可能性を捨てられないので、2、3点での比較では満足できず、他も試したくなります。

そうなると、衣装も小道具もとにかくたくさん用意して試着してみるしか方法はありません。一点一点はそれほど高いものを選ばずとも、選択肢を多くすればより合うものが見つかるでしょうし、〝間違い〟の比較対象が増えることで〝正解〟の濃度も高くなる気がします。

僕のコントは演技を撮影した後、セリフをアフレコで別録りしています。同じセリフを10回ほど言ってみて、その中から一番合うものを選んで映像にはめる、という作り方をしています。難しい演技だと、30回以上言い直すこともあります。

演技ももちろん大事で、何回かは撮り直していますが、僕はそれよりもセリフの言い回しに重きを置いています。

どんな声質で、どんなトーンで、どんなテンションで言えばこのキャラクターの持ち味が出せるのか。そして、このコントが面白くなるのか。それを徹底的に試したいのです。

この方法には、例えば演技は上手くいったけどセリフを噛んでしまった場合、映像はそのまま使いつつ、声の部分だけ録り直せば済むというメリットもあります。

そういう意味では、僕はお客さんの前でコントをするとか、「THE FIRST TAKE」

のようなスタイルは向いていないタイプです。でも、それは〝一発本番〟が得意な人がやればいいと思うので、僕は僕なりの方法でコントと向き合っていくだけです。

柊さんをはじめ、個々のキャラクターたちに人気が出たのも、決して妥協せずにそれぞれの個性を追い求めた結果だと思っています。

生活レベルを上げない

僕は伊豆の森の中に住んでいて、この生活はもう5年になります。家賃は月5万5000円。一般的なYouTuberの家賃と比較するとかなり安価だと思います。コントYouTuberとして上手くいき、収入もゲーム実況をしているときの何倍にも増えましたが、生活は当時とほとんど変わりません。

僕は**コントの質が上がることに関しては、無制限にお金を使うと決めています**。動画編集を快適にするために70万円のパソコンを買いました。コントの衣装にもいくらだってお金は使います（衣装にかかるのはせいぜい数千円ですが）。**体調を万全にして、効率良く動画を作るために必要なものにも、いくらでも使います**。例えば野菜や魚などは新鮮でいいものを食べたいし、より健康的になるなら多少高額でも躊躇（ちゅうちょ）はしません。

ただしそれ以外は、ほとんどお金を使いません。高価な腕時計も、夜景のきれいなマンションも、希少なだけで高価な食材も買いません。コントに必要ないもの、人に自慢するようなものは一切買わないのです。

つまり、生活レベルを必要以上に上げないように気を付けているということ。それも、YouTuberという職業は不安定で、いつオワコンになってもいいように覚悟しているからです。

もちろんそうならないように努力はしているし、新しいことに常に挑戦し続けてはいます。それでも予想のつかない不幸なことは、いつだって起こりえます。

例えば、YouTube自体の衰退。他に新しい媒体が出てきて、今までやってきたやり方が通用しない世界が訪れたら、YouTubeそのものの人気がなくなってしまうかもしれません。

もしくは、人工知能が台頭して、僕が今やっているコントがＡＩで作れるようになってしまうかもしれません。そうなればライバルが急激に増えて、収入は激減するでしょう。

人は生活レベルを一度上げると、元に戻すことはとても難しいです。

今、あなたはスマホを持たずに街に出ることはできますか？　おそらくできない人が大半だと思います。僕もスマホを持たないと不安になりますし、いつも持ち歩いています。

Google マップも、電車の乗り換え案内も、友達と連絡をとるＬＩＮＥも、音楽を聴くにも、調べ物をするにも、支払いをするにも、スマホは必須アイテムで、僕たちの日常生活には欠かせないものになっています。

でも、30年前は、誰もがスマホのない生活を送っていました。紙の地図を持ち歩き、電車の時刻は時刻表の本を買って調べて、連絡手段だって家の電話を使っていました。当時はそれが当たり前で、不便だなんて思っている人はいなかったはずです。

僕は、仕事の効率を上げてくれる便利なものはすべて使うようにしています。しかし、家や車、食事など必要以上の贅沢はできる限りしません。

趣味も安上がりなものばかり。散歩、魚釣り、テニス、登山、ゲーム、アニメ鑑賞。

ダイビングもやりますが、年に何度も海外に渡航するわけではなく、わりと近海で楽しんでいます。

僕はいくらお金持ちになっても、この生活を続けたいと思っています。これで十分幸せだから。

それに、生活レベルを低くしておけば、「最悪収入が激減しても、今の生活は維持できるな」と安心できます。

自分がどん底に落ちたとしても、「魚釣りをやっていれば幸せだな」「友達とテニスをやるのが最高に楽しい」など、失われない生きがいがあるだけで、大きな心の支えになります。

逆に、高い家賃のマンションに住み、高級料理ばかり食べていたとすると、「今はいいけど、いつかオワコンになったらもうこの生活できないよな……」という不安が、頭の片隅に生じてしまいます。だから、生活レベルは必要以上に上げたくないのです。

僕のモチベーションは、「面白いものを作って、多くの人に喜んでもらいたい」。だから、高い家賃や高い食事代を稼ぐための仕事はしたくない。

ただし、お金を稼ぐのがモチベーション、家賃の高いマンションに住んで自分を追い込むと頑張れるタイプの人は、生活レベルを上げてもいいと思います。もちろんリスクを負っていることを忘れてはいけないと思いますが、それで結果的に成果が出るなら、そのほうがいい。

どういう環境が自分にとって最適なのか。結局これは他人やまわりに流されず、自分と向き合って考えるしかありません。

健康的な生活をあなどらない

いいものを生み出すために大切な条件の一つが、「心身の健康」だと僕は思っています。

シンガーソングライターを諦めた直後のニート時代、僕は何のやる気も起きませんでした。毎日、適当な時間に起きて、カップラーメンなどの適当な食事をして、自分の部屋から出ず、ダラダラとアニメを見る生活。今思うと、こんな生活を続けていては、夢など持ちようがありませんでした。

そんな時代もありましたが、今はそのころとはまったく違い、体に気を配った規則正しい生活を心がけています。

毎朝8時に起床。すぐに散歩に出かけます。近くに森に囲まれたお気に入りのスポットがあるので、そこで30分間瞑想をします。瞑想というと大げさかもしれませんが、何も考えない時間を作るということです。

ある本に、「瞑想は自制心を鍛えられることが、科学的にも証明されている」と書かれていました。それを知ってから、僕は毎日瞑想をしています。

人って、生きているだけでたくさんの雑念が浮かびますよね。しなければいけないことがあるのに怠けてしまったり、ダイエット中なのにお菓子を食べちゃったり。そういう経験がある人は多いと思います。そういった**雑念を瞑想で頭から追い出す時間を作ることで、自分を律することができるようになるそうです**。

人は怠けてしまう生き物だということを理解したうえで、それをどうやって直していこうかというのを突き詰めた結果、僕は瞑想にたどり着きました。これを朝一番にやることで、その日一日頑張れるという気になります。

それから、午前中は台本を作ったり、編集作業をしたりして、お昼にサラダを食べて20分ほど昼寝をしています。30分以上寝てしまうと、脳が長期睡眠モードに入ってしまって逆にやる気が出なくなるので、ちゃんとタイマーをかけて20分で起きるようにしています。

午後も撮影やその他の作業をしますが、夕方5時にはすべてを終わらせています。ムダに長くやってもいいことはありません。集中力や判断力は低下し、いい動画を作ることができなくなります。

仕事を終えた後は、好きなアニメを見たりYouTubeを見たり、インプットの時間としています。この時間はあくまでも余暇ですが、「アイデアの種が落ちていないかな？」ということが頭の隅には常にあるので、どこかそういう目線で見ている部分もあります。

そして、夜12時には就寝します。

さらに、1週間に2日は完全オフの日を作っています。仕事のことは忘れて、友達と遊んだり、趣味に興じたり。最近はもっぱらテニスにハマっていて、腕を磨くためにスクールにも通うほどです。

休みの日を取り入れることで、仕事の日のモチベーションが跳ね上がります。

このような規則正しい生活を送ると、当然ですが体の調子はいいし、メンタルが病むことも少ないです。日光を十分に浴び、体を動かすと、頭も体もとてもスッキリします。

心身が万全の状態だと、仕事の効率も高く保てます。

アイデアを生み出すのは、いつだって自分の脳ですよね。その脳の状態を常に100%にしておけば、いいアイデアを思いつく確率も、たくさんのアイデアが思い浮かぶ可能性も上がると思いませんか？

動画制作を効率良くやりたい。僕はそのために、健康管理を徹底しています。自分の想像を超えるものを作り、みんなに笑ってもらえるなら、それは決して苦ではありません。

立ち止まったら環境を変える

毎日のようにコントと向き合っていると、どうしても何のアイデアも浮かばない日は出てきます。

脚本を書こうにも、まったく手が進まないとき、僕はデスクの前を離れて、自分が一番リラックスできる環境に身を置くようにしています。

すぐにできるのは、家の外に出ることです。僕の場合、家の中にいるよりも外にいるほうがいいアイデアが出ます。なので、庭やお気に入りの絶景スポットなど、自然に囲まれた環境で台本を作ることが多いです。外に出ればポジティブになれますし、頭がスッキリしてやる気が出たりします。

また、大好きなサウナに行ったり、友達と話したり、ダイビングに打ち込んだりして、一旦脳をリセットすることもあります。一心不乱にコントと向き合っているときよりも、そういうときのほうが意外とアイデアが降ってきたりするものです。

単純なことかもしれませんが、気分転換は大切です。僕だって、小説を書きながらゲームをやっていたくらいですから（笑）。

どうあがいても仕事や勉強がはかどらないときは、無理に続けなくてもいいと思います。自分がリラックスできる手段をいくつか用意しておくと、逆にはかどるということは往々にしてあります。

人付き合いは幸せを呼ぶ

僕は、仕事においては一匹狼を貫いていますが、人嫌いなわけではありません。むしろ、**人との付き合いはかなり大切にしています**。

前にも書きましたが、僕にはたくさんの趣味があって、それぞれに仲のいい友人が存在します。田舎暮らしでまわりにはおじいちゃんやおばあちゃんしか住んでいませんが、近所の人たちともよく立ち話をします。家に呼んでもらったりもします。友人とテニスや登山をすることや、近所のおじいちゃん、おばあちゃんたちとの交流は、僕の心を豊かにしてくれます。

YouTubeを見てくれている人の中には、僕のことを自己主張が強くてマイペースだと思う人が多いかもしれません。ですが、人の話を聞いたり、人に合わせたりすることは普通にできますし（笑）、気が合いそうだなと思ったら、相手とちゃんと会話をして仲良くなろうともします。とはいえ、無理に嫌な人と付き合うことはしません。**人生の時間は限られているので、好きな人とだけ関わって生きることができればそれでいい。**

ハーバード大学の研究によると、**「人間の幸福度は人間関係によって決まる」**のだそうです。

つまり、どれだけ社会的に成功するよりも、どれだけ大金を得るよりも、いい人間関係の構築が人を幸せにしてくれる、ということ。信頼できる友達の存在は、どんな人にとっても共通して大事なことなのではないでしょうか。

僕が一人で仕事をするのは、あくまでも向き不向きの問題。自分ですべてを決定したい、すべてをコントロールできるほうが満足度が高いというだけのこと。

いい人間関係は自分を幸せにする一方で、自分一人ではしていなかっただろう経験を得られたりして、結果的に仕事にもいい影響が表れています。

本が苦手でも、読むと世界が変わったりする

小説家を目指していたころ、僕は本をかなり読みました。ジャンルは多岐にわたっていて、前にも書きましたが、小説家になるためのハウツー本や児童書だけでなく、心理学や栄養学、人生哲学、好きなゲーム実況者など著名人のエッセイなどなど。小説家には直接関係がなくても、読むことで何かが得られる気がして、レビューの評価が高いものを中心に手当たり次第に読んでいました。

僕は小説家にはなれませんでしたが、前述の通り、実際、それらから得た知識の数々が、今の僕を形成する一部になっているのは間違いないです。

そんな僕ですが、実は本を読むのはすごく苦手です。子どものころから読書が好きではなく、教科書すらろくに読んでいませんでした。

ある本の中に、「本を読むスピードは遺伝子で決まっている」というような内容が書

いてありました。それで言うと、僕はまさに「生まれながらに本を読むのが遅い」ほうに当てはまっています。

それでも、小説家を目指す僕には読書が必要でした。

どうしたら本を読めるのか？

考えた結果、僕はオーディオブックで聞くことにしました。目で活字を読み取ることは苦手でも、耳から入る情報はわりとスムーズに処理することができました。

方法としては、基本的に3倍速で流し、同じ本を繰り返し聞く。

これは、目で見る情報も同じだと思いますが、やっぱり一度で覚えられることってそう多くはないと思うんです。だから繰り返す。コントを勉強していたときも、サンドウィッチマンのコントを一本一本、何十回も見返していました。

アニメや漫画も、好きになったものは5周以上見ます。そうやって何周もしていると、物語の構造や笑いの取り方、キャラクターのセリフ回しなどが、圧倒的に身につきます。

スポーツでも、ゲームでも、何度も同じ動作を反復して、体で覚えますよね。本を読むことでも、反復して体に覚え込ませることで、長期的に記憶に残り続けると思っています。

そして最も大事にしているのは、「読みたいところから読む」ということ。

何かを学ぼうと本を手にとったとき、一から順に読もうとすると、膨大な活字を前にして身構えたり、読む気が失せたりしませんか？　で、第1章とか序盤で脱落してしまう。それだときっと、肝心な部分までたどり着けません。

だから、**自分が欲しい情報から読みはじめるんです。この本を一冊まるまる覚えようとしなくていい。数％でもいいから、自分に役立つ情報を得られればいい。** それぐらいの感覚です。

そうやって僕は多くの本を〝読み〟、その情報を自分の中に落とし込むことに成功しました。

中には読みたいけどオーディオブックになっていない本もあって、苦労しながら読んだこともあります。でも、その知識が欲しければ、多少無理をすることは当然必要です。むしろそれで、オーディオブックという〝僕にとっては楽な手段〟が存在することに改めて感謝するくらいです。

ちなみに、僕が読書に力を入れたのは10年近く前。そのころは僕が欲しいと思っていた知識をYouTubeで入手することは困難でした。だから本に頼ったというのはありますが、今ならYouTubeでもさまざまなことを学べる環境は広がっていると思います。だから、どうしても本を読むのが難しいなら、正直、YouTubeで学んでもいいと思います。本でしか得られない情報なら本を読むし、動画でも得られる情報なら動画でもいい。別に本にこだわることはないです（ただし、それが正しい知識かどうかは出典による、ということは念頭に置いておいたほうがいいと思います）。

学生時代、いくら勉強が苦手だったとしても、生きるうえで、そして〝勝つ〟うえで知識は必要です。自分の得意不得意を考慮しながら、知識を習得する自分なりの方法を見つけられると最高ですね。

第4章

情熱を燃やす

情熱さえあれば、どうにでもなる

僕はあらゆることにおいて、**「チャレンジの成果＝情熱×スキル×戦略」**だと思っています。

大事なことなのでもう一度言います。

チャレンジの成果は、情熱、スキル、戦略の掛け算によって決まります。

これは10年間試行錯誤して見つけた自分なりの答えで、その中で最も大事なことが情熱です。

「僕はコントを作ることが大好きだ」
「たくさんの人に喜んでもらいたい！」
「コントに自分の人生を捧げよう」

僕の心の中では、この情熱が常に熱く燃えています。だからこそ、わずか1分間のコントを作るために10時間以上頑張ることができます。再生数や登録者数が伸びていようとも、まだまだ成長し続けようと思えるのです。

情熱がなければ、いいアイデアは出ません。考えること自体が面倒になってしまうからです。

情熱がなければ、努力を継続して、自分のスキルを高めることも難しいでしょう。成長する必要性を感じなくなるからです。

そしてもちろん、いい戦略を思いつくはずもありません。心の底から勝ちたいと思えないからです。

情熱がなければ何も始まらないのです。逆を言えば、情熱さえあればどうにでもなると僕は思っています。

熱い情熱があれば、努力をしてスキルを高めることができます。行動し続けることができます。考え抜いて、たくさんの戦略を考えることもできるでしょう。

情熱を燃やすための原動力

情熱を燃やし続けるには、強い原動力が必要です。原動力とは、自分が究極的に何を得たいか。

何を得たいかは、どんなことでもかまいません。

「人の命を救って、元気な姿を見たい。だから医者になるために勉強しよう」

「この宇宙のすべてを解き明かして、世の中の真実を知りたい。だから物理学者になるための勉強をしよう」

「好きなだけアニメを見られる生活がしたい。その生活費を効率良く稼ぐために投資を学ぼう」

「好きなAさんと付き合いたい。そのためにダイエットを頑張ろう」

自分は何を得たいか。目的が具体的だと、よりやる気が出ると思います。

ただ単に「ダイエットを頑張ろう！」と思うより、「好きなAさんと付き合いたいからダイエットを頑張ろう！」というように、ダイエットで何を得られるかを明確に設定できているほうが努力は継続できるはずです。

僕の「原動力＝何を得たいか」は、「多くの人の笑顔」です。

僕は小さいころから、人を笑わせることが好きでした。友達を笑わせるためによく教科書に落書きしたり、変顔をしたりしていました。友達と一緒にゲームをするときには、過剰にふざけて笑いを誘ったりしていました。

そういう経験を何回もしていくうちに、僕にとって一番幸せなことは、人に喜んでもらえることなのだと気づきました。

それから僕は、**「人に喜んでもらうこと」を僕の生きる意味にしました。**

これはとてつもなく強い原動力です。

音楽、小説、プロゲーマー、ゲーム実況、コント――。やること、目指すものはそのときどきで変わっても、僕の原動力はずっと変わりません。10年以上頑張り続けられたのは、この原動力が根本にあったからです。

そう考えると、自然とやりたいことも見つかるのではないでしょうか。

何を得たいかは、自分自身の心の中にしかありません。得たいものは、どの人にも必ずあるはずです。あなたが究極的に得たいものは何ですか？

とにかくやってみる

得たいものが具体的にわかった後は、それを得るために何をやるかです。

そうはいっても、目の前に選択肢や手段がたくさんあって、何から手をつけていいのかわからないとか、そもそも何をすべきかわからないという状況に直面することもあると思います。

そういうときは、**とりあえず何でもいいから手を出してみることが大事だと思います。行動しなければ何も始まらないのと同じです。**

それは、スーパーなどの試食コーナーに似ています。気になるなら食べてみなければ、美味しいかどうか、本当に欲しいかどうかなんてわからない。試食してみないと味はわかりようがないんです。

美味しいなと思ったら買えばいいし、まずいと思ったらまた違うものを食べてみればいい。

何かを得たいと思ったときにも、試食と同じように目の前にある手段を試してみればいい。運良く一発で好感触を得たなら続けてみればいいし、違ったら他の方法を考えればいい。とてもシンプルな話だと僕は思います。

それだけのことなのに、試してもみない人もいるのではないでしょうか。

一般的に、**人ってやらない理由を探しがちだと僕は思うんです**。何か思い立っても、行動する前に「時間がないから……」とか「やっぱりやれないかも」と思ってしまったりします。

そう思う前にとりあえず動けたら、それは最も大きな一歩ではないでしょうか。

中学生の僕は、どうしてもギターが始めたくて、修学旅行に行く前にギターをポチりました。

もしも「修学旅行から帰ってきてから買おう」と考える僕なら、修学旅行先で好きなアニメのグッズを買ってしまって、ギターを買うお金がなくなっていたかもしれません。

「また貯めればいいや」と思っても、友達と遊ぶとか漫画の新刊を買うとか、目先の誘惑に負けてなかなかギターには手が届かなかったかもしれません。

「明日やろうはバカヤロー」です。おそらく一生やりません。

たとえそれが本当に〝明日にならなければできないこと〟だとしても、その前に「今できることは何か？」を考えてみると、何かしらできることが存在するはずです。それをやるのが〝明日〟につながるのは間違いありません。

はじめの一歩を踏み出すことができた人だけが夢を叶えられる。それは明らかだと僕は思います。

何をやりたいかわからなくても、まず動く

「とにかくやってみる」というのは、得たいもの――夢や目標――が見つからない場合にも有効だと思います。

やりたいことがないとか、好きなものが見つからないという人でも、少しは興味があるものって出てくると思うんです。

例えば夜空を見上げたとき。

「あの星って、地球からどれぐらい離れているんだろう」

そう思ったりするじゃないですか。そこでスマホを取り出して調べるんです。

「星　距離」

スマホには答えが必ず出てくるはずです。

「20万光年も離れてるんだ！」

そしたら、もう一つ先のことを考えてみるんです。

「宇宙で一番遠い星ってどれぐらい離れているんだろう」

「宇宙　一番遠い星」で検索した人は、２８０億光年も離れていることに驚くでしょう。

そうやって、気になることをどんどん深掘りしていくと、宇宙飛行士やロケット技術者、天文学者など、宇宙に関わる仕事が具体化していって、その中に夢や目標が見つかっていくのだと思います。


もっと言うと、そもそも外に出なければ、夜空を見上げなければ、星がキレイだと思うことすらないでしょう。

自分が興味を持てる〝何か〟に出合うには、さまざまなインプットは非常に大事です。野球をやってみる、スノボをやってみる、散歩をしてみる、本を読む、映画を見る、アニメを見る、テーマパークに行く――どんな経験だって、自分自身の〝好きなこと〟を見つけるヒントを与えてくれます。

誰しも、好きなものは自然とそこにあるわけではありません。さまざまな経験をして、

些細なきっかけから「自分はこれが好きなんだ」と気づいていくものです。

それがたとえ仕事にならなくてもいいんです。趣味として向き合っていくうちにきっと何らかの成長はできるでしょうし、その出合いは人生における貴重な財産になるはずです。

まずやってみて、少しでも興味を持ったら調べる。

その行動は、必ずあなたに何かをもたらしてくれると思います。

何をやるかは、自分で決めるしかない

情熱を捧げられるものは、他人から言われることではなく、自分で見つけるしかありません。

特に子どものころは、親、先生、友達――まわりにいるさまざまな人が、あなたにいろいろなことを言ってくると思います。

「お前は勉強ができるから一流大学に行って一流企業に入ったら？」

「君に音楽は向いてないから、その夢は諦めたほうがいいよ……」

そのすべてがどうでもいいことです。

繰り返しますが、好きなことは自分で見つけるしかありません。

僕は子どものころ、親から「勉強しろ」とよく言われていましたが、どれだけ言われてもやる気は出ませんでした。むしろ、「勉強なんかしてたまるか！」と反発していました。

それは他人に強要されたことだからです。方程式を覚える理由も、それを人生のどこで使うのかもわからないまま、目の前のテストで点を取るためだけにやらされることが本当に嫌でした。

でも、21歳で小説家を目指したとき、初めて学ぶことが楽しいと思えたんです。叶えたい目標に向けて学ぶことは、〝やらされていた〟勉強とは違って成長を感じられた。新しい知識が増えるたびに、目標に近づいていることが実感できた。

やらされる勉強が〝クソゲー〟だとしたら、自ら始めた勉強は〝神ゲー〟。それぐらい違うものでした。

僕が小さいころにハマった野球は、誰かから勧められたことではありません。自分が、野球をやって「楽しい」と思えたから、プロ野球選手のプレーを見て、「かっこいい！」と思えたから、プロ野球選手になりたいと思ったんです。

同じように、シンガーソングライターやプロゲーマー、YouTuberも全部、自分で決めた「やりたいこと」だから頑張れたんです。

情熱を捧げられる好きなことは、誰かからの言葉にも、インターネットにも、この本にもありません。

他の人の意見をきちんと聞くことは、何か学びがあり、素晴らしいことです。ただし、それを噛み砕いて飲み込むのか、吐き出すのかは自分自身の判断です。

人生は、自分勝手に考えていいのです。

自分を信じる

僕は、コント動画をアップするとき、「たくさんの人に見てもらえるかなあ?」「笑ってくれるかなあ?」「『いいね』押してくれるかな?」「ああ……反応見るの怖いなあ……」といった不安が一切ありません。

それは、**自分が作るものに絶対的な自信を持っているから**。

そもそも、不安に思うということは、そのコントが自分の中で〝最高に面白い〟作品ではないということにはならないでしょうか。

飲食店のコックさんが、自分が納得のいかないメニューをお客さんに提供しますか?

おもちゃメーカーだって、子どもたちを喜ばそうと試行錯誤をして渾身のおもちゃを発表していますよね。営業マンだって、自分の会社の商品を愛していなければ、誰かに自信を持って薦めることはできないでしょう。

YouTuberに限らず、どんな職業だって同じことだと思うんです。

「自分が作るものに自信がある」は、裏を返せば「自信が持てる作品にするために不安要素を排除する」ということ。

僕が作るコントの場合、「不安要素」＝「つまらない」を意味しています。「ここはちょっと面白くないかも……」と感じる場面が一つでもあってはいけない。そのために台本作りも演技も編集も、どの工程も手を抜かず、納得する段階まで持っていきます。


もちろん、僕にも不安を抱いていた時期はあります。それは駆け出しのころ。アニメショップを題材にしたコントを作っていた当時は、正直、「これでいいのかな？」という不安をぬぐえないままアップしていました。

その不安の原因は、面白いかどうかを第三者目線で確認できていなかったからだと思っています。

幸いにも、YouTubeは再生数や「いいね」の数などで、一本一本、視聴者の反応を確認することができます。これを繰り返すことで、「このコントはすごくウケた」「このコントはあまりウケなかった」のデータが集められるのです。

僕はこの積み重ねがあったから、今、自信を持ってコントを世に出すことができています。


ちなみに、小説を書いていたときは「絶対大賞をとれる！」という謎の自信に満ち溢れていましたが、前述の通り、初回は一次選考で落選。

さまざまな原因はありますが、そのうちの一つは、やはり第三者目線で確認できていなかったこと。世間の人たちが面白いと思える感覚を一切知らずに、自分だけが面白いものを書いていたのです。

そのことに気づいた僕は、たくさんのアニメとそのレビューサイトを見まくり、自分の「面白い」と世間の「面白い」のすり合わせをしていきました。これは本当に大事な過程だったと今になって思います。

うぬぼれから始めるのが間違いだとは思いません。それが自分のよりどころになるなら、自信がないよりよっぽどいいと思います。

ただし、**うぬぼれだけでは勝てません**。

自分の感覚が世間とは違うと知ったとき、「自分はみんなと違うから」で済ませたり、「どうせ自分をわかってくれる人はいない」と世の中を敵視したりしていては、いいものを世に送り出すことはできません。大衆の意見を分析し、より多くの人に刺さるものは何かを研究した先にしか、勝利は待っていないのです。

すなわちそれが〝本物の自信〟につながっているのだと思います。

背中を押してくれる人の存在

「何のために僕はコントを作り続けているのか」

最近僕は、自分のやっていることに疑問を感じることがありました。そこにあったはずの〝情熱〟が、いつの間にか影を潜めてしまっていたのです。

「動画を出せばそれなりに再生数は取れる。でも、再生数1000万回のうち、何人が僕のことを本当に好きでいてくれるのだろう。ほとんどの人は、僕のことが好きで見ているわけではないのではないか。チャンネル登録をしてくれている人は100万人以上いるけれど、本当に僕を好きな人は数万人程度で、多くの人は動画が流れてきたからなんとなく見ているだけなのではないだろうか」

そう考えたとき、僕は「ちゃんと僕自身に興味を持って見てくれる人のためにコントを作りたい」と思うようになりました。

「自分に興味を持って見てくれる人」の存在でわかりやすいのは、リアルな声をくれる人たちです。

学生時代からの友達や、趣味を通して出会った友達、近所の人たち、学童保育で出会った子どもたち——実体の見えない誰かではなく、輪郭の見える彼らが、「面白かったよ」「グッズ買って使ってるよ」などと言ってくれることは、何よりも僕を後押しする力になるのだと気づきました。

迷ったときは、一番身近な人の顔を思い出す。

応援してくれる人はちゃんと実在する。

結局のところ、〝情熱〟を再び燃やしてくれるのは、そういう人たちの存在ではないでしょうか。彼らとちゃんと向き合い、その絆を大事に生きることも、人生において大切なことではないかと思います。

新しいことに挑み続ける

何か目標を掲げていても、ある程度の成果を出していても、立ち止まる瞬間は必ず出てきます。前述の通り、僕もそうでした。

最近の僕の悩みは、成長が少し止まっていると感じていることでした。ショート動画を上げると、安定して再生数は1000万回を超える。数字的にも収益的にもショートコントを出し続けるのが合理的に正しい。

だから最近はずっと、ショート動画を出し続けていました。

ここ1年は、ずっと慣れたことだけをやっていて、新しい挑戦ができずにいました。目先の数字にとらわれて、成長していくことを見失いかけていました。第2章で「目先の結果よりも成長」なんて偉そうに書いていた僕でも、そういう状況に陥っていました。

そこで大切なのは、当然ながら原点に立ち返ること。

「目先の結果よりも長期的な成長」

僕は、ずっとやりたかったけど踏み切れなかった、「長編シリーズもの」をやっていこうと決意しました。昔、小説家を目指していたときに、自分の作品をアニメ化するのが夢でした。そして、人の心を動かせる物語を作りたかった。その夢は、僕の心の奥で今もなお燃えていることに気づきました。

じゃあ、今YouTubeでそれに近いことをやってしまおうと思ったんです。

この道は、僕にとっていばらの道です。

今よりもっとＡＩを使いこなす必要がある。物語の作り方だってもっと勉強する必要がある。新しいキャラクターを増やさないといけないから、演技の練習だって今よりずっとする必要がある。**今自分が持っていない、新しいスキルをたくさん習得していく必要がある。**

それに、これはショート動画ではないから、目先の数字は間違いなく落ちる。収益だって一時的に落ちる。シリーズものはそもそもYouTubeでウケないかもしれない。プロの小説家になれなかった人間が、面白い物語を作れるのだろうか。いろいろな不安はありました。

それでも、挑戦しようと決意しました。

新しい挑戦には、不安や苦しみはつきものです。だけど、不安や苦しみがあるということは、それだけ成長につながることだとも思います。慣れていないこと、初めてのことをやるということは、それだけ新しい何かを得られるということです。

ずっと同じ安定的なことをやっていても、成長は少ない。自分を少しずつ成長させていって、レベルアップすれば数字は後からついてくる。

たとえこの挑戦が失敗に終わったとしても、反省すればそれもまた大きな成長につながります。

どんな挑戦もロールプレイングゲームと同じです。地道にスライムやゴブリンを倒して、お金を貯めてレベルを上げる。装備をそろえてボスに挑む。それを繰り返して、いつかラスボスという最終目標に挑む。たとえ負けても、その反省を次に活かしてまた挑めばいい。何度だってコンティニューできるのだから。

もし何十回とやっても倒せないのであれば、違うＲＰＧに切り替えたっていい。そこでまたレベルを上げて、ラスボスに挑めばいい。

僕の人生、振り返ればその繰り返しでした。

人生、何回だってコンティニューできるのだから、挑み続ければいいのです。

僕はチャンネル登録者数１００万人を突破して、ラスボスを倒して、ＲＰＧを全クリしたつもりになっていました。そして少し、燃え尽き症候群になっていたと思います。

今までの上手くいったことだけをやっていったほうが、人生は楽です。だけど、それだといつか後悔すると思ったんです。

いつか自分が60歳、70歳になったとき、死ぬ間際に、自分の過去の作品を見返すと思

うんです。そのときに、

「あの作品、作っておけば良かった」

「目先の数字にとらわれすぎず、もっと新しいことをしておけば良かった」

そう後悔したくないと思いました。死ぬまで自分を成長させ続けて、面白い作品をたくさん作って、より多くの人に喜んでもらいたいと思いました。

100万人を突破して、満足して、現状維持している場合じゃない。そう思いました。

「ドラゴンクエスト」を全クリしても、「ドラゴンクエスト2」、そして、3、4……と続いていくように、僕も〝ハネハネクエスト2〟を始めていこうと思ったのです。


これから数年すれば、AIが今以上に台頭して、どの業種の人も今のままではいられなくなります。職を失ってしまう人も多いでしょう。僕もその可能性がある一人です。

時代の流れが急激に速くなれば、現状維持では、AIの波に飲み込まれてしまいます。

そのようなAIの時代が訪れたとしても、一番大切なのは、やはり毎日の成長だと思っています。AIを使いこなしたり、AIにできないことを考えたり。

僕は２０２４年現在、すでにいくつものＡＩを駆使して動画作りをしています。新しくやっていく長編シリーズも、背景画像は画像生成ソフトで作っているし、台本作りもチャットＧＰＴにサポートしてもらっている部分は大きいです。

新しいものを否定せず、受け入れて変化し続けることが、これからの時代を生き残っていく鍵なのではないでしょうか。

おわりに

「頑張れば、夢は必ず叶う」とは僕は思いません。頑張れば夢が叶うことが確定するなら、世界中の誰もが全力で頑張っているはずです。

でも、現実はそうではありません。夢が叶うかどうかわからないからこそ、挫折を恐れて挑戦しない人は多いのだと思います。

僕自身も、プロ野球選手、シンガーソングライター、小説家など、いくつもの夢を描いては、その都度挫折を経験してきました。

歩いてきた道は決して平坦ではなく、失敗や挫折だらけの険しい道でした。

だけど、転ぶたびに立ち上がり、足を引きずってでも歩き出しました。夢が叶わなくても、その過程で得た学びや経験が、僕を大きくレベルアップさせてくれました。

だから僕は、何一つ後悔していません。

何一つ、ムダなことはなかったと思っています。

今までの失敗のすべてを力に変えて、僕はコントYouTuberとして登録者数135万人という、大きな結果を残すことができました。叶わなかった夢の延長線上に今があるのです。

たとえ僕が一生、すべての夢に破れ続ける世界線があったとしても、僕はその人生を誇りに思える自信があります。なぜなら、10年間の結果の出ない毎日の中で、ずっと小さな成長に喜びを感じることができていたからです。

たとえ夢破れ続ける人生だったとしても、日々の努力を楽しみ続けることができたなら、それこそが僕の人生にとっての成功なのです。

これからも、僕は挑戦を続けていきます。

僕の目標は「面白い作品」を作り続けることです。YouTubeのコントだけにとどまらず、小説、漫画、アニメ、どんな形であれ、人々に笑いや感動を届けられる作品を生み出していきたいと思っています。僕がこの世を去るその日まで、生涯クリエイターとして「面白い」を追求し続けるつもりです。

最後になりますが、この本を形にするにあたって、多くの方々の支えがありました。僕の思いを考慮しながら、読みやすい形にしてくださったライターの小田島さん、そして、本の執筆を持ちかけてくださって、ずっと親身にサポートしてくださった編集者の渡辺さんには心から感謝しています。

僕は基本的にずっと一人で仕事をしてきましたが、初めて誰かと協力して作品を作り上げ、結果として自分の想像を超えて素晴らしい本になりました。

自分にとって新たな発見が多く、大きな成長にもつながりました。お二人の熱烈なサポートがなければ、この本は完成していませんでした。本当にありがとうございました。

そして、この本を手に取ってくださった読者のみなさまにも、心から感謝を申し上げます。

あなたが一歩でも前に進むきっかけとして、少しでもお役に立てたのであれば、これ以上の喜びはありません。

ハネハネ

ハネハネ
1994年生まれ。愛知県出身。プロゲーマーを経て、現在はコントYouTuber、ゲーム「クラッシュ・ロワイヤル」実況者として活動中。コント動画では、脚本、演技、編集をすべて一人でこなし、男女問わず10役以上のキャラクターを演じ分ける。2020年、コントチャンネル「ハネハネ」開設後、これまでに制作・配信したコントは学園ものを中心に250本超。
・YouTube「ハネハネ」　@HANExHANE
・YouTube「ハネハネのゲームチャンネル」
　@hanexhanegames2346

ラスボスに負(ま)けても

2024年12月18日　初版発行

著者／ハネハネ

発行者／山下 直久

発行／株式会社KADOKAWA
〒102-8177　東京都千代田区富士見2-13-3
電話 0570-002-301（ナビダイヤル）

印刷所／大日本印刷株式会社

製本所／大日本印刷株式会社

本書の無断複製（コピー、スキャン、デジタル化等）並びに
無断複製物の譲渡および配信は、著作権法上での例外を除き禁じられています。
また、本書を代行業者等の第三者に依頼して複製する行為は、
たとえ個人や家庭内での利用であっても一切認められておりません。

●お問い合わせ
https://www.kadokawa.co.jp/（「お問い合わせ」へお進みください）
※内容によっては、お答えできない場合があります。
※サポートは日本国内のみとさせていただきます。
※Japanese text only

定価はカバーに表示してあります。

©HANE HANE 2024　Printed in Japan
ISBN 978-4-04-606701-2　C0095